iben Laodong Anquan Guanli
u Gongshang Baoxian Tizhi Yanjiu

日本劳动安全管理与工伤保险体制研究

郭晓宏 著

中国劳动社会保障出版社

图书在版编目(CIP)数据

日本劳动安全管理与工伤保险体制研究/郭晓宏著. —北京:中国劳动社会保障出版社,2010

ISBN 978-7-5045-8286-7

Ⅰ.日… Ⅱ.郭… Ⅲ.①劳动保护-劳动管理-管理体制-研究-日本②劳动卫生-卫生管理-管理体制-研究-日本③工伤事故-劳动保险-体制-研究-日本 Ⅳ.X921.313 R132.313 F843.136.1

中国版本图书馆 CIP 数据核字(2010)第 061025 号

中国劳动社会保障出版社出版发行

(北京市惠新东街1号 邮政编码:100029)
出 版 人:张梦欣

*

北京市艺辉印刷有限公司印刷装订 新华书店经销
787 毫米×960 毫米 16 开本 12 印张 205 千字
2010 年 4 月第 1 版 2010 年 4 月第 1 次印刷
定价:29.00 元

读者服务部电话:010-64929211
发行部电话:010-64927085
出版社网址:http://www.class.com.cn
版权专有 侵权必究
举报电话:010-64954652

序 言

改革开放以来，日本的安全管理经验不断被介绍到我国，越来越多的日本企业、专家团队、咨询机构积极投标参与我国的经济建设或管理建设。1984年日本大成公司在我国第一次进行国际公开招标的鲁布革工程中一举中标，随之形成的"鲁布革经验"①极大地推动了我国工程项目管理改革的开展；1993年开始兴建的举世闻名的三峡工程，由日本前田公司担任安全总监；2007年国家安全生产监督管理总局聘请日本专家共同组织实施的"加强中国国家安全生产科学技术能力计划项目"正式启动。这些事例足以说明日本的安全管理理念、管理方法及管理经验对我国有重要的影响和借鉴作用。因而，我国学术界发表的有关国外安全管理的研究成果中以针对日本的研究成果为数最多也就不足为奇了。

之所以在已有很多研究成果的情况下还要介绍、研究和分析日本的企业安全管理和工伤保险制度，主要基于以下几方面原因：

第一，现有研究成果存在缺憾。虽然迄今为止我国开展的日本安全管理研究和日本工伤保险制度研究非常活跃，已经发表的研究论文或课题报告不计其数，但却鲜见将二者作为一个整体加以系统认识和针对某些重要问题的研究成果，如从日本《劳动者灾害补偿保险法》与《劳动安全卫生法》的关系上、从企业全面风险管理与劳动安全卫生管理的联系上、从对日本工伤保险制度的性

---

① 鲁布革水电站引水系统工程是我国第一个利用世界银行贷款，并按世界银行规定进行国际竞争招标和项目管理的工程。1982年进行国际招标，1984年11月正式开工，1988年7月提前竣工。日本大成公司一举中标，取得了坐落在云贵两省界河上的鲁布革水电站引水工程中的部分工程，并随之创造了著名的"鲁布革工程项目管理经验"，受到中央领导同志的重视，号召建筑行业企业进行学习推广，成为我国工程建设管理领域实施与国际接轨的管理体制改革的重要契机。

质认识上、从企业安全管理的重点转向劳动者精神健康管理之动态分析上来研究日本安全管理制度与工伤保险制度的特点等。此外，某些研究成果中包含着不准确甚至是错误的信息，容易引起误导或错误的引用，应当予以必要的纠正。

第二，笔者的研究背景及经历。作为交换留学制度和日本霞山会特邀研究员制度的受益者，笔者有着多年留学日本的宝贵经历（甚至包括遭遇1995年阪神大地震的经历），并由此将从事日本安全管理、危机管理和工伤保险制度研究作为自己的重要使命。加上在日资企业兼职的工作经历、与一些日本的企业管理干部结成的友谊、针对国内外日资企业开展的调研活动等，使得针对日本的安全管理或工伤保险制度有感想发。例如，阪神大地震后不久日本制定的"工业企业风险管理指南"，2003年为配合第十个"预防劳动灾害5年规划"的实施提前一年对工伤保险费率的整体下调，2005年4月发生在尼崎市惨烈的列车脱轨事故及其引发的员工压力管理和经营者安全责任强化等，都使当时身在日本的笔者深有感触。

第三，日本经验的适用性和安全管理动态的可关注性。选择日本作为研究或借鉴对象的重要原因，除了它是很多实用的企业管理经验及方法的创建者以外，还在于这些经验将长期适用于我国的安全管理实际。此外，鉴于在经济、社会和文化发展背景上的相似性，日本与我国在安全管理方面面临着一些相同的课题，针对这些问题采取的一些管理对策或正在探讨的对策同样值得我们关注或借鉴。

笔者深知针对日本劳动安全卫生管理和工伤保险制度的研究还有很多工作要做，还存在认识未及的空间，仅以此书抛砖引玉，期待更多的人关注和研究日本劳动安全卫生管理和工伤保险制度，为我国的劳动安全管理和工伤保险制度的改革提供借鉴和参考。

本书的出版得益于北京市教委对广大高校教师科研工作的经费支持，得益于中国劳动社会保障出版社的陆萍主任和黄靖副编审给予的极大理解和帮助，在此谨表衷心的谢意，并恳请读者对书中的不足之处给予指正。

郭晓宏
2010年1月于北京

内容简介

本书由首都经济贸易大学郭晓宏撰写。全书由三章构成。第一章,"绪论",主要阐述对日本劳动安全管理和工伤保险体制的基本认识。第二章,"日本劳动安全管理体制研究",从立法、管理体制、人才培养、职业安全卫生管理体系、事故管理及事故瞒报防范对策等方面,介绍和分析日本劳动安全管理制度的主要内容、重要特征及发展动态。第三章,"日本工伤保险体制研究",从日本工伤保险制度立法与劳动安全卫生立法的密切联系入手,围绕工伤保险制度性质展开讨论,分析日本工伤保险制度的建立及发展特点,系统介绍该制度的主旨和内容,分析、研究日本当前面临的主要问题和相关体制改革的趋势等。

本书视角独特,结合现实、内容全面、分析到位、真实客观,可供从事劳动安全管理及工伤保险体制研究的各方人士参考。

目　　录

第一章　绪论 …………………………………………………………（ 1 ）

第二章　日本劳动安全管理体制研究 ………………………………（ 11 ）
  第一节　《劳动安全卫生法》及其特点 ……………………………（ 12 ）
  第二节　劳动安全卫生管理体制 …………………………………（ 20 ）
  第三节　安全文化建设和安全人才培养模式 ……………………（ 36 ）
  第四节　企业劳动安全卫生教育体系 ……………………………（ 49 ）
  第五节　注册劳动安全卫生顾问制度 ……………………………（ 62 ）
  第六节　职业安全健康管理体系与风险管理体系 ………………（ 74 ）
  第七节　工伤事故管理及事故瞒报的防范 ………………………（ 84 ）
  第八节　企业劳动安全卫生管理内容概要 ………………………（ 93 ）

第三章　日本工伤保险体制研究 ……………………………………（106）
  第一节　工伤保险立法与修订 ……………………………………（107）
  第二节　工伤保险制度的特性 ……………………………………（118）
  第三节　工伤保险行政管理体制 …………………………………（127）
  第四节　工伤保险基金及其特点 …………………………………（130）
  第五节　工伤和职业病认定及致残等级鉴定 ……………………（145）
  第六节　工伤保险待遇 ……………………………………………（162）
  第七节　工伤康复（社会复归）……………………………………（170）
  第八节　工伤保险理赔程序及争议处理 …………………………（174）

参考文献 ………………………………………………………………（181）

后记 ……………………………………………………………………（182）

第一章

绪 论

全面质量管理（TQC）、准时生产制（JIT）、现场改善5S法、"零事故运动"中的危险预知训练（KYT）和手指口唱作业安全确认法等一个个朴素、扎实、成熟的管理制度或方法皆出自日本，它们影响了或正在影响着世界上很多国家和地区。了解、研究并学习借鉴日本的生产管理经验，特别是劳动安全卫生管理的经验，不仅是发展中国家也是欧美一些发达国家的普遍做法，尽管日本最初是以欧美发达国家的先进管理经验为学习和研究对象的。

一、日本的安全管理[①]经验及特色

日本在战后经过几十年的努力，从一片废墟中一跃发展成为世界经济大国，从1955年到1973年石油危机之前，一直保持了近10%的年均经济增长率，即便是石油危机之后，1975年到1991年间的年均经济增长率也在4%以上，创造出被世界经济学家称为"奇迹"的成就。这种成就同样也反映在劳动安全卫生管理领域，那就是劳动伤害事故的不断减少。从图1—1可以看出，《劳动安全卫生法》颁布之后的20世纪70年代初开始，工伤死亡人数呈现明显的单向下降趋势。进入21世纪后，这种下降趋势不仅一直被延续，而且下降幅度更大。2006年，工伤死亡人数又创历史新低，为1 472人[②]，第一次降到了里程碑线的1 500

[①] 为了语言表达上的简洁，本书中的"安全管理"除了其本来的含义以外，还泛指劳动安全卫生管理。

[②] 厚生劳动省. 防止劳动灾害计划（2008—2012年）. 第2页。

人以下，并且随后仍在继续减少。

日本的安全管理经验和特色究竟是什么？它们何以形成和发展？本章首先对此进行简要分析。

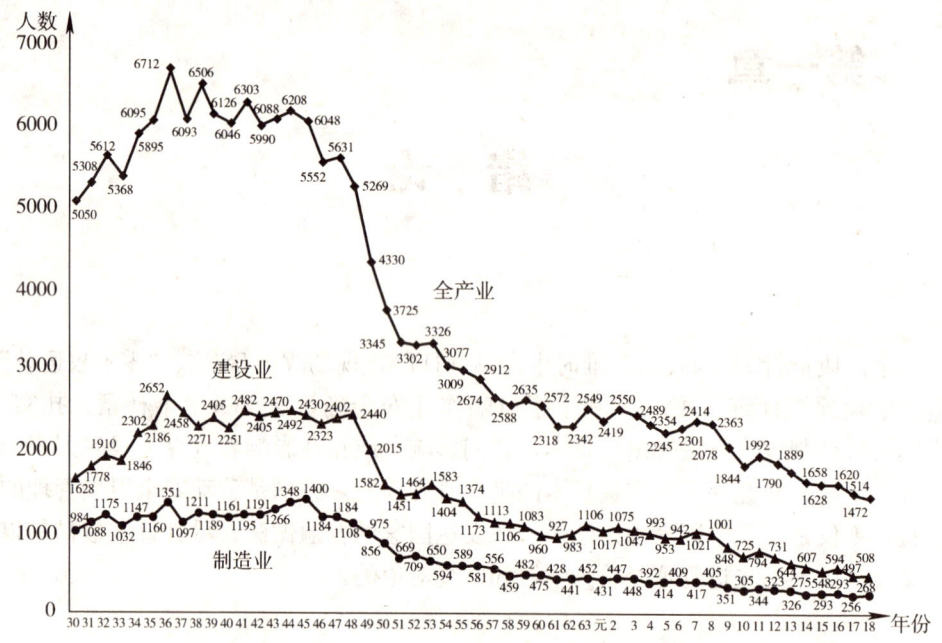

图1—1 日本工伤事故死亡人数变化趋势图③

1. 立法在先

战后日本劳动安全卫生领域取得突出成绩的原因无疑有很多，但劳动安全卫生立法的变革所起的促进作用是不容忽视的。与战后日本经济发展相适应，日本的劳动安全卫生立法先后经历了从《工场法》到《劳动基准法》中的专题章节立法、再到制定单独的《劳动安全卫生法》的过程。立法在先成为包括工伤保险作用机制在内的日本劳动安全卫生管理的最大特点或最重要的经验。如针对注册劳动安全卫生顾问制度的详细规定，就是先在《劳动安全卫生法》第九章里作出明确规定的，而第一次举办资格考试，即制度的真正起步则是在两年之后。就这

---

③ 资料来自于 http：//db2.jil.go.jp/SEIKA_ZEN/F_Ronbun/IMAGE/2000/F2000050030－ZU0001.GIF。横坐标表示年份，其中30～63为昭和年（即1955—1989年），元年～18表示平成年1年（1989年）到平成18年（2006年）。

样，针对企业安全管理体制的建立、企业安全教育体系的形成、工伤事故及职业病报告办法等劳动安全卫生管理的各项内容都实现了法定化，形成了使各项安全管理工作有法可依的局面。此外，日本劳动安全卫生立法还具有规定详尽、具体、修订频繁等特点。

2. 建立归属稳定、职能集中的安全监管体制

从国家层面上看，日本的工伤保险与安全监督管理都归属于厚生劳动省劳动基准局统一管理，从中央政府到地方实行的是垂直对口管理，这样有利于实现管理体制的集中顺畅、统一高效；工伤保险基金在全国工矿企业范围内实行统筹，具有强大的补偿能力和调节功能，优势十分明显。另外一个重要特点，是政府层面上采取劳动安全卫生监察与劳动安全卫生行政指导相结合的工作机制，有极具权威性的高素质劳动基准监督官的监管，这样既有利于帮助企业守法、又有利于监督企业守法；更重要的是使劳动者的合法权益得到保障。从企业层面看，以劳动安全卫生委员会为核心，建立了由安全卫生总管理者及其下属安全管理者、劳动卫生管理者、产业医生等专家组成的企业安全管理网络，实施由劳资双方共同参与的、以日常事故风险辨识及控制为核心的综合安全管理。

特别值得强调的是，无论政府机构如何改革、改制，日本的劳动安全监管、劳动卫生监管和工伤保险制度运营始终作为一个整体归属于劳动行政部门，即劳动基准局，客观上形成了有利于发挥工伤预防、工伤补偿、工伤康复"三位一体"机制作用的格局。此外，还有国家对企业的安全技术服务周到、预防事故的相关科学研究超前等特点也值得我们研究和借鉴。

3. 重视全民安全素质的提高和将职工安全教育生涯化

日本的劳动安全卫生教育体系也是由国家教育（包括学校教育）、企业教育和相关团体教育三个部分所组成的，它在提高国民整体安全素质，特别是职工安全素质、促进企业安全化生产、实现该国多年来较低的工伤事故率等方面都发挥着重要作用。众所周知，凡是有关国外防灾减灾经验的资料中必会有对日本做法及经验的介绍，特别是其防灾减灾教育从小学生抓起的做法及经验。如，早在20多年前，日本的中小学就开设了防灾课程，配有如何防灾及实施自我保护的教材，所有学校每年都要有计划地开展4次左右的灾害模拟演练教育，并定期举办与防灾和自救有关的竞赛活动等。日本文部科学省、厚生劳动省[④]等都提出，应将对孩子们的安全教育与减少职工工伤事故活动联系起来，即让孩子们从小树立安全劳动、预防事故的意识和学习相关的知识，以此影响他们走向工作岗位后的安全意识和安全行为。因而，在本书第二章第四节中介绍的日本的企业劳动安全卫生教育体系是一个横跨员工的学生时代—新入厂时期—"四新"[⑤]阶段—晋升阶段—进入高龄阶段的生涯式安全教育体系。由此不难体会日本政府在强化全民防灾意识、提高全民安全素质、重视企业职工安全生产教育和训练方面实施的是具有长远战略意义的系统工程。

4. 现场安全活动的开展持之以恒

现场改善 5S 管理、班组安全例会、"零事故运动"中的危险预知训练（KYT）和手指口唱安全确认法等，这些为中外企业所熟知和广泛借鉴的日本生产作业现场安全活动经验，正是日本企业强化职工安全意识、形成安全生产人人有责和安全生产管理有的放矢局面的重要手段和法宝。这些活动的开展加上紧密结合生产现场实际开发的危险有害因素安全评价方法的采用以及劳动安全卫生专家的技术支持等是日本得以形成长期稳定的企业生产安全局面的重要途径，特别是始终如一地开展那些似乎已经没有什么新意的安全活动已经成为职工日常操作行为的一部分，变为企业职工的自觉行动。人们发现，日本企业的安全管理经验，很重要的一个方面就是 5S、KYT 等这些安全活动持久、扎实地开展。而在我国一些企业的安全管理行为多为响应政府号召或安排所搞的运动、走的过场，难以持久，也很难真正奏效，因此，强调和关注这种"始终如一"的特色是最有现实意义的。只有将现场改善、安全确认等行为变为员工的自觉行动，踏踏实实不搞花架子、不走过场，持之以恒，才能真正实现工作场所劳动安全卫生条件的不断改善和企业安全生产水平的不断提高。

5. 依靠政府主导和专家扶持，提升中小企业的安全管理水平

对中日两国而言，中小企业在成为拉动经济持续快速增长的重要力量和安置就业主体的同时，也由于一些主、客观因素的影响而成为安全生产的问题主体，成为影响国家安全生产形势好转的一个瓶颈。这些影响因素中除了经营者安全意

---

④ 本书中提及的日本政府机构的名称，均采用日语原文表达。文部科学省相当于我国的教育部，厚生劳动省相当于我国的人力资源和社会保障部。

⑤ "四新"是指使用新设备、新材料、采用新的工艺或方法、调换新岗位。

识淡薄、法律观念不强、经济利益至上外，人才匮乏特别是安全人才匮乏亦是一个突出的问题。

在解决中小企业的安全生产问题上，日本政府一方面严肃法律法规，对不符合安全生产条件的企业列入另册，使其成为劳动安全卫生监督的重点对象；另一方面，实施政府出资主导、劳动安全卫生专家负责实施的中小企业帮助计划。第二章第五节介绍的注册劳动安全卫生顾问制度，就是这类帮助计划的主要技术依托。实际上，从《劳动安全卫生法》第九章的相关内容中可以发现，日本建立注册劳动安全卫生顾问制度的基本目的，就是使之服务于中小企业改善劳动安全卫生水平。而我国，近年来特别是世界范围的金融危机出现以来，虽然出台了不少中小企业扶持对策，但几乎都不包括安全管理方面的具体内容。

6. 政府安全管理重点及其导向的适时调整与把握

截止到 2009 年，每年一次的全国安全周活动日本已连续开展了 82 次，共制定了 11 个"防止劳动灾害五年规划"。分析每年制定的安全周活动口号以及每个五年规划的奋斗目标都能发现，政府劳动行政部门在适时地调整和引领全国安全管理工作的主攻方向；普通老百姓也能从中了解到国家在企业安全生产方面优先解决的问题和管理重点的转移。例如，劳动安全卫生管理从以强调劳动安全、消灭工伤事故为重点转向重视员工的精神健康管理，作业现场安全目标从"零事故"向"零危险"的转变等。20 世纪 90 年代以来，建设企业安全文化愈发成为管理的重点指向。近几年来的安全周的主题都与企业安全文化有关，如今已形成了构建安全文化—确立安全文化—使安全文化扎根的基本脉络。

为了配合《劳动安全卫生法》的修订以适应劳动安全卫生管理的新形势、新需求，劳动行政部门都能作出迅速调整和应对。例如，近些年来强化实施的预防"过劳死"和超时劳动对策、精神健康管理对策、石棉尘肺受害者补偿对策、以职业安全卫生管理体系（OSHMS）的建立及运行为标志的企业自主管理的促进对策等。由政府、劳动者代表、企业主代表三方组成的定期劳动基准审议会制度，是这种根据现实所需调整不同阶段安全管理重点的行政管理得以推行的重要保障。

7. 社团组织作用机制的充分发挥

对我国的安全管理机构和很多安全管理者而言，日本"中央灾害防止协会"这个社团机构名称并不陌生。它不仅在推动日本企业特别是中小企业安全管理水平不断提高和增进日本对外安全文化交流方面发挥着积极、重要的作用，在劳动安全卫生领域的信息提供和健康检查及环境测定的服务上发挥着核心作用，而且在日本每年举行的全国安全周、全国卫生周活动中也发挥着核心作用。

除此以外，在日本提供劳动安全卫生培训或技术服务的机构还有很多，它们也依法开展健康检查、环境检测等业务。如，产业保健推进中心以推进中小企业的劳动卫生管理为目的，在各个县设立分支机构。从《劳动安全卫生法》第三章中对"过劳死"工伤认定的实现过程的介绍，读者不难体会民间律师团体及其开办的"过劳死110热线"对促成这一重大难点问题的解决发挥了重要和关键的作用。

8. 建立具有高技术实力的"产—学—研—官"一体化机制

现代化的管理需要现代科学技术手段的支撑，劳动安全卫生问题同样如此。无论是从医学角度诠释过劳及"过劳死"的机理并进而开发抗疲劳产品，还是从技术角度解决人—机—料—法—环的和谐问题，都需要发挥相关学科知识、专业人才和相关方协调机制的作用。以《劳动安全卫生法》第二章安全人才培养模式和第三章日本员工工作疲劳对策的介绍和分析为例，可以发现日本已经在开发安全生产科学技术及其服务手段方面形成了政府机构—大专院校—科研机构—生产企业之间良好的互动协调机制，取得了很多成果。一些政府机构的官员或政策审议会的委员就是由德高望重的大学教授担任的。

在安全人才培养模式的章节中，读者会了解到日本产业医科大学、横滨国立大学及各大学中的医学、保健学、工学、心理学系（或专业），以及劳动科学研究所、产业医学综合研究所、产业安全研究所等在培养安全技术人才和开发安全卫生技术方面所发挥的重要作用。从目前的人才培养格局和安全学科建设现状可以体会到，除了工业卫生大夫的培养模式是专门院校系部培养制以外，日本的安全人才培养是以掌握了一定理工知识技能基础的人为对象展开的，既有强调针对各种高风险的大安全领域的人才培养，又有强调某一专业领域（机械、化工等）深度的专向安全人才的培养。

以上概括了日本安全管理的主要经验或特点，它们是日本能够实现安全生产局面连年好转和相对长期稳定的重要原因。

二、日本安全管理经验的形成

上述安全管理经验或特点的形成，是政府、企业劳资双方、科研院所等各方力量长期不懈探索、努力和博采众家之长的结果，也与经济发展背景和民族文化背景的影响密不可分。

1. 与经济发展的阶段性特点及需求密切相关

劳动安全卫生管理因工业化大生产的出现而出现，因社会经济发展和技术的不断进步而发展。以立法的改革与变迁为代表，可以判明日本劳动安全卫生管理的发展、新规定的出台主要是由经济发展的阶段性特点所决定的，是紧密结合经济形势变化的产物。

例如，第二次世界大战结束初期，日本处于美军占领之下，直到1952年《旧金山和约》签订之后，日本才开始成为独立自主的国家。1946—1955年，是其经济恢复与整顿时期。此时的经济增长得益于传统工业特别是煤炭和钢铁产业的复兴，而传统工业的复苏首先是依靠美国援助下的国家动员及实行"倾斜生产方式"⑥来实现的。这种经济复兴政策的实施，使得生产资源被大量投向煤炭和钢铁等工伤事故风险最大的产业。在迅速恢复经济过程中它虽然产生了预期效果，但同时也创造了工伤事故多发的历史记录。于是，作为连接安全管理与工伤保险制度之间重要关系的纽带，工伤保险浮动费率制度应运而生。即通过发挥经济杠杆的刺激作用，对不同安全生产表现（事故多寡）的企业实行奖罚性质的费率变动。最初，该办法是被作为缓解1950年出现的32.9亿日元工伤保险财政赤字危机的对策出台的，但后来的效果表明，它实际上是一种非常有效的促进企业加强安全管理的重要手段。也就是说，日本的工伤保险浮动费率制的产生是与当时特殊的恢复经济的时代背景密切关联的。

又如，1955—1973年是日本经济高速发展的黄金时代。国民的经济建设热情高涨，劳动劲头十足，但随之而来的不仅是工伤事故的多发（1961年的工伤事故死亡6 712人的数字，是迄今为止日本年工伤死亡人数的最高值），而且"过劳死"问题也开始冒头。于是1961年日本就有了针对"过劳死"的工伤认定立法，但当时并不涉及过劳自杀死的工伤认定问题，且认定条件极为苛刻。

另外，"20世纪60年代后半期，日本出现了企业兼并的高潮，一些在战后初期被强迫解散的财阀重新联合起来，组成了企业集团，在日本形成了所谓'国

---

⑥ "倾斜生产方式"是指利用美军给予的重油等物质援助，同时以中央银行的信贷为主要资金的复兴金融金库，并借助国家政权竭力压低工资标准，集中向煤炭、化肥、炼铁等重点工业部门提供生产所需的物力、财力和人力的做法。

家垄断资本主义'。"⑦与经济的高速发展和企业形式的变化相适应，日本的劳动安全卫生立法也发生了重大变化，《劳动安全卫生法》的单独制定就是最好的说明。其重要背景在于，人们曾经普遍认为资本主义的企业是自主经营的，其生存是随市场经济的发展而自行调节的，所以政府无须对企业劳动安全卫生问题进行干预或干预得极为有限。但进入20世纪六七十年代以来，由于劳动伤害事故越来越多，对劳动者的伤害越来越严重，造成的经济损失和负面社会影响越来越大，使政府面临前所未有的压力，因而国家必须干预企业内部劳资关系的发展和劳动安全卫生管理活动的意识逐步为日本和欧美等越来越多的国家所接受。于是，通过立法既明确了国家劳动安全卫生监管体制，也对企业应建立何种安全卫生管理体制进行了明确规定。

总之，在研究分析日本安全管理的经验方法时，都不应脱离其产生和发展的经济背景。

2. "日本式经营"的影响

无论从何种角度、从哪个专业领域研究日本，都不会无视其独有的"日本式经营"方法及其影响，甚至一些经济领域的专家把日本企业的活力归功于这种经营方式，即终身雇佣制、年功序列工资制和企业内工会制。它们被称为日本企业管理制度的三大核心。

如前所述，日本在战后恢复经济建设时期，借助国家政权竭力压低工资标准，集中向煤炭、化肥、炼铁等重点工业部门提供生产所需的物力、财力和人力，实行倾斜式生产。而压低工资标准的政府行为，最终演化为雇员不对企业提过分要求和企业承诺在经济不景气时实行不裁员的终身雇佣制，以及相关的年功序列工资制等人力资源管理制度。所谓年功序列工资制，是指职工的工资随年龄的增长和在一个企业里连续工作时间的延长而逐年增加，并且年龄和工龄在学历、能力和贡献相差不大的情况下是决定职务升迁的重要依据。而企业内工会制则是将正式职工团结在"劳资命运共同体"的理念下，把维护本企业的利益作为最高原则，拥有充分独立的话语权。⑧

"日本式经营"的长期实施，不仅使企业拥有稳定的工人队伍特别是技术工人和熟练工人队伍，而且更重要的是培育了职工们的"归属意识"和对企业的

---

⑦ 杨丽英. 日本公司立法的历史. 合肥市图书馆国道数据. http://tieba.baidu.com/f?kz=129747848.

⑧ 刘建华. 日本式经营. 沈阳师范大学学报（社会科学版）. 2006 (4): 18.

"忠诚感",加上工会的积极作用,使各项有利于提高劳动生产率和改善劳动安全卫生条件的管理制度、安全活动、工艺流程和新的操作方法等都比较容易推行。这也是企业职工普遍能遵守安全生产规定、具有较高的整体安全素质的重要原因之一。

3. 与积极引进、消化、改革的行为模式密切相关

日本安全管理经验的形成,与积极引进先进技术和管理方法,又不盲目照搬,且善于消化吸收和改造的特点密切相关。如,1955年以恢复为特征的经济增长阶段宣告结束,日本开始迎来了经济繁荣的曙光。与这一时期政治、经济、社会方面的一系列改革相适应,在法制建设上日本迈出了向西方看齐的步伐,即在引进欧美发达国家新设备、新技术和管理经验的同时,引入了先进的安全管理经验(例如20世纪五六十年代以后,工厂安全委员会或工厂安全卫生委员会这一形式在美、英、法、德等主要工业国家已较为普遍)。

在引进外国经验的过程中,日本尤其受到了美国的影响,这是因为1952年以前日本处在美国的单独占领之下,日本的所有活动是直接或间接地在占领当局的监督下进行的。1952年《旧金山和约》签订后,日本成为独立自主的国家,但日本同美国在政治上结成同盟关系、经济上实行一体化的情况下,吸收和借鉴美国的某些经验也顺理成章。重要的是,它并非生搬硬套,拘泥于某种定式,而是博采众长,立足于本国实际加以调整。

三、日本安全管理面临的课题

尽管日本的许多经验为他国所研究、效仿和引用,尽管日本一直开展着"零事故"运动,而且近年来又明确地将奋斗目标从"零事故"提升为"零危险",但是,专家们都明确提出,要实现这个目标路途还很遥远。因为近年来发生重大事故的隐患或趋势并未完全消除。为此,日本也迫切需求一些更为先进有效的技术手段和成功的管理经验。除此以外,以下一些内容也被列为今后日本劳动安全卫生管理的研究课题:

第一,如何把职业安全卫生管理体系的建立和实行劳动安全卫生法令所规定的最低限度的安全卫生标准协调起来,并建立起以管理体系为中心的自主型安全活动所需的配套制度。

第二,如何实施更加充实有效的安全教育的问题。对于那些多发的、但原因比较明确的伤害(机械伤害、物体打击等)的预防可以通过机械化、自动化加以

解决，然而，伴随着机械化、自动化的进步所带来的新的潜在伤害的预防，就只有通过安全教育特别是有关风险辨识、风险控制方面的教育训练。

第三，服务业的劳动灾害预防问题。服务业的劳动灾害问题之所以变得突出起来，是由于经济全球化的影响，越来越多的制造业资本流向海外，即低成本的地方，而留在日本国内的多是服务性行业及相关企业，以往不太被重视的领域的劳动灾害预防问题变得突出了。

第四，强化中小企业、小型建筑工地、服务业、个体户、农业等劳动安全卫生服务的制度建设问题。因为相对于大企业而言，它们所能得到的劳动安全卫生方面的服务和指导还很少。

第五，第一产业从业人员的安全管理问题。由于劳动安全卫生立法只是以保护有劳动合同关系的劳动者为对象、为前提的，这类从业人员与体系化的管理就缺少应有的联系。

第六，如何进一步有效发挥劳动安全卫生专家、专门机构的作用问题。有些活动，如健康诊断或作业环境检测，由于内容项目的划分都很细，占去了专家或专业机构的时间，使他们没有办法真正发挥自己在危险有害因素辨识评价上的技术和经验的作用。还有好不容易通过了国家资格考试获得高级资格了，但却找不到能充分发挥作用的工作或不能获得令人满意的收入。这也是一直存在的问题。可见，虽然日本政府建立了通过注册劳动安全卫生顾问支援扶持中小企业安全管理的制度，但也并未解决全部有资质的人员都能执业的问题。

第二章

日本劳动安全管理体制研究

2007年是日本开展全国"安全周"活动的第80个年头。日本厚生劳动省在其官方网站上公布了80年来历次安全周活动的口号，此举颇有新意又意味深长。从"齐心合力，消灭伤害和疾病"（第1个安全周），到"无事故的安全作业场所，领导的决心和实际行动"（第66个安全周）；从"零事故到零危险，全员共建新的安全文化"（第73个安全周），到"降低风险全员参与，确立安全文化"（第79个安全周）；再到"让安全文化扎根，消除作业场所危险于萌芽"（第82个安全周），这些口号提法的变化明示着日本安全管理工作重心调整的方向，反映了其阶段性及历史性发展的特征，是各个阶段社会、政治、经济、文化发展背景的缩影。其间，日本不仅取得了年工伤死亡从最多6 712人下降到1 500人以下的管理成果，形成了长期稳定的低事故率安全生产局面，而且还创新出了一些朴素、实用、有效的管理理念和方法，形成了日本式的安全管理模式和经验，在国际上树立了日本安全管理的良好形象。其基础就是迅速细致的安全立法、职能集中的管理体制、生涯式安全教育模式、持之以恒的安全活动的实施等。

第一节 《劳动安全卫生法》及其特点

一、《劳动安全卫生法》的主要内容

《劳动安全卫生法》(1972年6月8日法律第57号)是一部以确保作业场所劳动者的安全健康和促进舒适作业环境的形成为目的、规定如何实施和推进有计划的、综合的劳动灾害预防对策的法律。它是以《劳动基准法》第五章"安全和卫生"为中心、结合对《预防劳动灾害团体法》第二章"劳动灾害预防计划"和第四章"预防劳动者危险或健康障碍的措施"整合的结果,并加上新的规定事项以及国家支援措施等内容制定的,由以下12章及附则构成:

第一章　总则
第二章　劳动灾害预防计划
第三章　安全卫生管理体制
第四章　预防劳动者危险或健康障碍的措施
第五章　有关限制机械及危险、有害物质的规定
第六章　劳动者就业的规定
第七章　保持及增进健康的措施
第八章　执照等
第九章　安全卫生改善计划等
第十章　监督等
第十一章　杂则等
第十二章　罚则
附则

与《劳动安全卫生法》相配套,还发布了《劳动安全卫生法施行令》和《劳动安全卫生规则》,对一些细节内容和实施细则做出进一步规定。其主要内容可以概括为:

第一,把选任安全卫生总管理者、安全管理者、卫生管理者、产业医生、作业主任等作为经营者的法律义务加以明确,对安全卫生管理组织体系的建立及其职责进行了规定。

第二,将采取预防危险及有害因素影响的劳动安全卫生措施作为经营者的法

定义务明确下来。这些法定预防措施都以规则或条令等形式被具体化了。

第三，规定企业有管理劳动者健康的义务、有采取预防危害措施的义务、有设置安全卫生委员会的义务、有限制和监督危险有害物质使用的义务等。

第四，对从事危险有害作业的人员的上岗资格进行了规定，即他们必须通过考取上岗证（工作执照）或参加通过接受技能培训、特殊教育等形式取得所需的资质后才能从事作业。

为了适应时代的变迁，《劳动安全卫生法》自1972年制定以来已经历了近20次修订。如1992年修订时，不仅把确保劳动者的生命安全和健康作为企业主的义务，而且开始把为创造舒适的工作环境而努力也规定为企业主的法律义务。目前的最新版是1996年修订后的产物，此次修改的要点包括以下10个方面：企业必须有产业医生针对长时间作业人员进行直接健康指导；特殊健康检查结果必须通知员工；企业要实施针对危险性、有害性因素的调查并落实必要的对策措施；对已通过职业安全健康管理体系（OHSMS）审核的企业，免除其在从事某些作业前必须提交安全保障计划的义务；对安全管理者的任职资格进行了修改，即对从事本专业工作的年限要求缩短了1年；针对强化安全卫生管理体制的要求；制造业总发包方要实施作业过程中的沟通和调整；化学设备清扫作业的需求者必须提交相关文件等；改善化学物质等的标示及文件管理制度；建立从事与有害物暴露有关的作业的报告制度；持证上岗及技能培训制度的修改等。

二、《劳动安全卫生法》的立法背景

"日本的劳动灾害之所以能不断减少，其主要原因之一就在于《劳动安全卫生法》大量详尽的限制规定以及人们对这些规定的遵守，"[①] 日本的前劳动基准局官员如是说。我国国内发表的涉及日本安全管理的考察调研成果、学术论文、课题研究报告中，也都无一例外地把日本注重立法和严格执法的特点加以强调，也都在介绍日本《劳动安全卫生法》时说明该法与日本《劳动基准法》的关系。但大量比较雷同的内容中都只是点到为止，没有真正对立法原因和立法精髓进行分析。既然在《劳动安全卫生法》出台前日本就已经有了针对劳动安全卫生方面的法律规定，为何还要进行单独立法？《劳动安全卫生法》出台所产生的深远意义是什么？提出并回答这些问题是本节的主要目的。

---

① 大関親. 新てい时代の安全管理のすべて（新时代安全管理大全）. 東京：中災防，2002：208。

1. 第二次世界大战后到《劳动安全卫生法》立法前的劳动安全卫生法制

日本的《劳动安全卫生法》是1972年才问世的,在此之前,劳动安全卫生方面的法律依据主要有两个:《劳动基准法》(法律第49号)和《劳动安全卫生规则》。它们的出台都早于《劳动安全卫生法》25年。

第二次世界大战结束后,日本一方面先恢复了有劳动安全卫生规定内容的《工厂法》和《矿业法》,一方面又迅速制定发布了《劳动基准法》② (1947年),其中第五章为"安全和卫生"。该法律以日本新宪法为依据,采用了很多国际劳工组织(ILO)条约所规定的关于劳动基准的内容,对企业强制性规定了只准提高不准随意降低的最起码的劳动条件基准。且此法律不但适用于所有企业,还适用于事业单位。哪怕是只雇用一个人的企业或者还没有建立工会的企业,也要受该法律的监督和制约。另外,查阅该法的制定和修改过程表可知,为了使其更好地适应社会经济发展的需要,从1947年实施以来到1972年《劳动安全卫生法》出台前共修改了25次,其中涉及劳动安全卫生方面的修改就达9次之多③。

还不止于此,除了包含有"安全和卫生"内容的《劳动基准法》以外,实际上,为了配合《劳动基准法》的实施,同年11月,当时的劳动省就制定发布了有439条内容之多的实施细则《劳动安全卫生规则》,随着《劳动基准法》的修订它也不断地得到完善。

依据《工厂法》的基础及战前的一些管理经验,以国际劳工组织条约为参考制定的《劳动基准法》和《劳动安全卫生规则》,不仅满足了统一性和普遍性要求,而且内容详尽,水准不低于国际一般水平,对保障劳动者基本权益、促进经济发展、保障社会稳定起到了非常重要的作用。

---

② 《劳动基准法》何以能快速出台,这足以作为一个立法考察专题加以研究,本书从略。其主要原因有日本战后社会政治制度的改变、恢复经济发展形势的要求以及日本早已是国际劳工组织常务理事国成员所具有的立法经验等。

③ 劳务安全信息中心.劳动基准法年表—成立和修改经过(労働基準法年表—成立と改正の経緯). http://labor.tank.jp/rouki/rouki-kaiseinenpyou.html.

2. 单独进行劳动安全卫生立法的背景及原因

日本白鸥大学法学系教授畠中信夫在题为"劳动安全卫生法的形成及其效果"④的论文中对立法背景进行的分析要点可被归纳为：1963 年 11 月 7 日，同一天里发生的重大列车事故和重大煤矿事故造成的极端恶劣的社会影响；哮喘和水俣病危害的严重化等原因促使政府制定了《公害法》并成立了环境厅；全社会尊重生命的呼声空前强烈；伴随着新技术、新工艺、新材料的使用，安全生产方面暴露出的问题越来越多，而《劳动基准法》中有关劳动安全卫生方面的规定却难以应对，应该根据新形势、新要求单独制定一个针对安全卫生方面的法律提案；1967 年 8 月 1 日伴随着劳动省安全卫生局的设立，劳动省内部制定单独的劳动安全卫生法律的意愿空前强烈，并开始了一定的准备工作。

在上述背景原因中，更应关注《劳动基准法》中的劳动安全卫生规定已经表现出很大的局限性、难以应对安全工作新形势、新问题这个因素。其中，安全第一责任主体的定位失准被认为是《劳动基准法》中存在的严重先天不足。

《劳动基准法》把一个员工从开始被雇用到被解雇或退休为止的所有劳动条件都做了详细规定，它不仅适用于所有企业而且适用于所有事业单位，所有雇主都要受到该法律的监督和制约。而且，它所制定的法定劳动基准是以强制性规范规定的，对所有的劳动者来说都是企业必须保证的最低劳动条件标准。这其中当然包括最起码的劳动安全卫生条件。《劳动基准法》第五章"安全和卫生"中，规定了 14 条企业必须实现的劳动安全及劳动卫生要求。但是，《劳动基准法》中对"义务主体"或"责任主体"的确定使得在安全第一责任人上出现了定位困难、责任追究不畅等问题。因为，《劳动基准法》颁布时将以往《工厂法》中的相关主体规定做了明显修改，工厂法时代的法律责任主体是"工厂长"，权利主体是"职工"，而《劳动基准法》中分别改为"使用者"和"劳动者"，并在该法第 10 条中明确了"使用者"的定义："企业主或经营者以及其他为了企业主而从事与劳动者有关的业务的人员"。

众所周知，"劳使关系"一词是在描述劳动者一方和使用劳动者一方的关系时常用的词语，其另一种日语表达是"被用者"与"使用者"的关系。显然，按照上述"使用者"的定义，生产经营主管、劳动人事主管、劳务主管、分厂厂长等，相对于企业主时，他们是被用者地位的管理者，相对于劳动者时，他们就是

---

④ 畠中信夫. 劳动安全卫生法的形成及其效果. 東京：日本劳动研究杂志. 2000 年 1 月、第 475 号。

"使用者"了。同理，相对于班组工人而言，不要说车间主任，就连工段长都是企业最基层的"使用者"。毋庸置疑，"使用者"责任制的弊端是显而易见的，在那些因不得不执行来自上层"使用者"的违反安全规律或要求的指令而发生工伤事故的情况下，最基层的"使用者"就成了当然的替罪羊。因为以《劳动基准法》为依据的企业安全管理法律法规所约束的第一责任人不是企业主，而是"使用者"。这显然是极端不合理的。企业主是生产资料的拥有者，是对企业生产、用工、福利、销售等各方面的绝对支配者，是生产利润的当然获得者，那么他们当然也就应该成为问题及责任的主要承担者。

总之，日本的《劳动基准法》制定之时，就把《工厂法》中的法律责任主体从"工厂主"改为"使用者"、权力主体从"职工"改为"劳动者"了。这种改变被认为是《劳动基准法》存在的重大不足，是政府不得不针对劳动安全卫生领域单独立法的最主要原因之一。然而不难预料，当以《劳动安全卫生法》制定为契机、安全第一责任人从"使用者"变更为"企业主"时，立法机关面临的来自企业主们的压力是何等之大。

除了有必要重新界定法定第一责任人以外，进行单独的劳动安全卫生立法的第二个理由是：由于《劳动基准法》中的安全卫生规定有些过时，于是就针对《劳动基准法》的相应条款和《劳动安全卫生规则》条令的相应细则进行频繁的修订。与其针对新形势、新情况反复地、零星地修改《劳动基准法》第五章，不如将其独立出来进行专门的立法研究。实际上，频繁修改所积累的经验，到了一定阶段转化为单独立法的思考也是很自然的。

至于日本《劳动安全卫生法》的制定是否与20世纪70年代国际上安全立法热潮有关，与其说日本受该潮流影响，不如说它是形成该潮流的要素之一。诞生于1972年的《劳动安全卫生法》是紧接着美国《职业安全健康法》（1970年）之后出台的，因此成为人们当时热议的话题。

三、《劳动安全卫生法》的立法过程

日本《劳动安全卫生法》的立法主要经历了四个阶段。即从有提议到劳动省内部决定立法的阶段、反复调查研究阶段、内容修改调整阶段、法律制定公布阶段。其中修改调整阶段最为艰难，因为要应对来自企业界特别是建筑业界的强大压力和劳动者一方的质疑。

不难想象，来自企业界强烈不满的原因就在于安全第一责任人的重新界定。因为依据《劳动安全卫生法》第29条规定，不只是建筑业和造船业，钢铁、化工等所有有承发包关系的行业及企业，其总承包方对指导下属各承包单位遵守《劳动安全卫生法》、纠正违章行为负有不容推卸的法律责任。企业界的人士认为，该规定意味着不问企业的所属行业和规模，只要是自己管辖范围内的企业，就要为下属所有承包单位承担法律义务，责任范围太大、责任太重。

当初的立法也遭到劳动者阶层的强烈反对。他们的理由是，《劳动基准法》就是劳动者的宪法，神圣不容更改；将有关劳动安全卫生规定的部分与《劳动基准法》分离，若只是着重于一些语言技巧上的变化，则丝毫无益于劳动灾害的减少，只有使劳动条件真正得到改善才有可能谈劳动灾害的预防等。

最后经过多次的谈判磨合，特别是中央灾害防止协会和财政界的努力说服，立法终于得以实现。

四、《劳动安全卫生法》立法的重要意义

1. 填补了安全卫生专门法规的立法空白

《劳动安全卫生法》立法的意义在于填补了劳动安全卫生领域单独立法的空白，推动了劳动法规体系建设。更深层的意义则在于传递了将保护劳动者生命安全与健康提到一个新的高度加以认识的理念。

2. "安全第一责任人"的转变使企业安全管理进入了重要的转型期

很多企业主从《劳动安全卫生法》的出台感受到了政府对安全的高度重视，意识到今后安全问题来不得半点马虎和麻痹。因为无论自己如何调整安全管理体制或管理模式，法律都已经明确了安全第一责任人必须是企业的首脑，首脑即为企业安全卫生总管。因此，安全与否已经不再单单是人道主义方面的问题而是法律责任问题了，必须树立"敬畏生命、尊重生命"的经营理念。该法的出台推动了各个企业必须重新修正完善内部管理责任制度，使企业安全管理进入了重要的转型期。无数事实表明，只有企业主（经营者）真正重视安全，才能在企业内营造良好的安全文化氛围，才能积极主动地加大安全投入，改善劳动条件，提高企业安全化程度，才能使保护劳动者的生命安全和身心健康的目标真正落到实处。

2005年4月25日发生在日本的一起列车脱轨事故导致107人死亡，460多人受伤，其惨烈程度震惊中外，事故原因令人发指。该企业高层为了追求经济效益增加列车发车频次，缩小发车间隔，增大员工劳动强度，实行对失误员工的高

压管理，而且迟迟不安装最新的列车运行自动安全装置，最终导致驾驶员在超高速行驶于弯道时车辆失控脱轨。日本政府授权成立的事故调查组经过两年多的细致调查后，确定了事故的根本原因在于公司不健全的安全管理体制和劳动管理制度，以及经营层利润至上的错误经营战略。事故调查组公布的调查报告前所未有地直指企业管理体制，令人深省。2009年8月22日，已被"在宅起诉"⑤的公司前总经理对死难者家属发出忏悔说："事故的原因在于历任经营者。"

3. 是继承与创新相结合的立法

《劳动安全卫生法》的制定，既继承了以《劳动基准法》第五章为核心的已有法令及《劳动安全卫生规则》中的大量内容，又有诸多管理理念上的创新。如，安全第一责任人的界定、特别针对中小企业实施的技术指导和财政援助、事故及危害预防不仅要确保实现最低水准的要求还要向更高的标准看齐、制定了更具体的行动指南和标准等。

4. 成为国际社会安全立法的典范

如前所述，在有关世界各国劳动安全卫生立法的研究文献中，都将日本作为示范国，对其立法情况进行介绍。日本尽管不是世界上第一个进行劳动安全卫生立法的国家，但在《劳动基准法》及《劳动安全卫生规则》阶段就已经详细制定安全卫生方面的规则，而且根据形势变化及时修订完善，其力度之大、频度之高，都是其他国家所不能比拟的。

5. 极大地推动了日本劳动安全卫生管理的发展

《劳动安全卫生法》的施行，不仅对广大企业主起到了警醒和推动作用，也增强了广大劳动者的维权意识，更重要的是使劳资双方都更加明确了各自的行动准则及守法内容，极大地促进了安全局面的好转。由图1—1可知，该法立法后每年发生的工伤死亡人数呈现明显的下降趋势。

6. 配套法规的迅速形成

《劳动安全卫生法》的制定带动了配套规则、标准、指针等的制定和其他相关法律法规的调整，使得劳动安全卫生法规体系不断充实和完善。

---

⑤ "在宅起诉"是指依据《刑事诉讼法》被起诉的被告人以不被拘禁的形式接受起诉。

"资本主义国家颁布的职业安全健康法是关于劳动安全与健康问题的基本大法,又多是授权法,即该法规定授权大臣、部长或机构可根据需要制定从属性法规,例如条例、规程等,无须再经国会审议等繁杂立法手续。这样,可以加速立法进程,及时发挥法律效力,解决存在的问题"⑥,因此,就形成了如图2—1所示的立法行政体系。

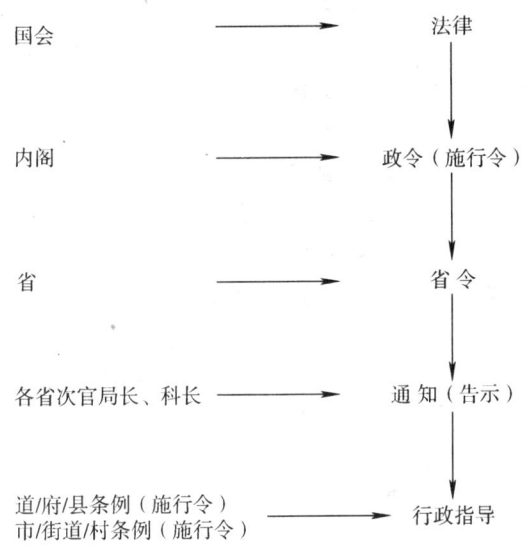

图2—1 立法行政体系示意图

同样,为了形成以《劳动安全卫生法》为核心的较为完整的法规体系,也要以政令、省令、通知等形式颁布一系列规则标准和配套规定。于是,人们发现《劳动安全卫生法》出台之后相继发布的政令、省令、指针、告示中与劳动安全卫生有关的条文总数多达 3 500 余条⑦。可以想象劳动省需要交涉、协调的省厅部门之数量何等之多,并由此体会劳动安全卫生立法工作本身是一项非常庞大的、复杂的系统工程。

---

⑥ 中国安全网. 职业安全健康法规的发展与现状. http://www.safety.com.cn.
⑦ 畠中信夫. 劳働安全衛生法の形成とその効果. 东京:日本劳働研究雑誌. 2000年1月、第475号。

 **作者小议**

考察分析日本《劳动安全卫生法》的立法特点,特别是立法的切入点,对于不断加强和完善我国今后的职业安全卫生立法具有一定的积极意义。可以促使我们分析当前我国劳动安全立法、执法过程中存在的最突出和最严重的问题,然后以其为切入点确立今后相关立法的宗旨及重点。

现实情况是,我国虽然已经形成了较为庞大的安全生产法律法规体系,制定了很多职业安全和职业卫生方面的国家标准、地方标准和行业标准,但重、特大伤亡事故局面依然十分严峻,工伤事故造成的经济损失在 GDP 中占有相当的比例。其主要症结不是没有立法而是有法不依。有法不依的主体不仅是经营者、企业,还有地方政府、劳动安全卫生行政管理机构及其相关人员。有法不依的原因除了有指标—绩效—考评—权力—利益链条上的博弈、监管不力、违法成本过低等以外,还有管理体制不畅、部门立法之间导致的衔接纰漏等问题。因此,改革并确立更加合理的国家职业安全卫生管理体制应成为今后我国职业安全卫生立法的首要任务。

第二节 劳动安全卫生管理体制

有关机构依据世界银行关于经济发展水平的划分标准对一些国家进行综合分析后得出结论:安全生产除了与经济社会发展水平和产业结构相关外,还与国家安全监管体制、安全法制建设、科技投入水平、社会福利制度、教育普及程度、安全文化等因素密切相关⑧。而日本的一些安全专家把自己国家能长期实现低工伤事故率的原因归纳为完备的安全管理体制、详尽的法律制约及人们的守法意识,此外还有安全工作者的事业心。安全管理体制的重要地位由此可见一斑。本节从国家劳动安全卫生监管体制和国家要求企业建立的安全卫生管理体制这两个主题入手分析日本安全管理体制的特点及作用。

---

⑧ 李毅中. 我国安全生产的形势和任务. http://www.chinasafety.gov.cn/2007-06/28/content_249059.htm.

一、国家劳动安全卫生监管体制

日本的国家劳动安全卫生监管体制为内阁主管大臣负责制，内阁设置的国家主管劳动事务的最高行政长官是厚生劳动大臣，因而是厚生劳动大臣负责制。例如，为指导全国性安全管理工作而开展的各期"预防劳动灾害五年计划"就是由厚生劳动大臣制定发布的。计划中非常明确地提出该5年期的事故控制目标和事故预防的重点对策等。

图2—2是2001年日本政府机构改革调整后的厚生劳动省组织结构示意图。以此次调整为契机，厚生省和劳动省得以合并[9]，包括健康局、劳动基准局、职业安定局、年金局、社会救助局等11个局（另有秘书处、政策处）在内的设置模式，彰显了将涉及劳动者的民生等方面问题作通盘考虑、整体筹划、集中责任、高效管理的政府意图。

与劳动安全卫生管理、劳动保护、工伤保险、劳动安全卫生监察有关的事务，在国家层面归厚生劳动省劳动基准局统管，在地方层面由各都、道、府、县设立的劳动基准局负责。后者的组织结构与厚生劳动省劳动基准局的机构设置相呼应。国家劳动基准局局长一方面接受厚生劳动大臣的指挥和监督，另一方面要同时负责指挥和监督各都、道、府、县劳动基准局局长的工作。

厚生劳动省劳动基准局由安全卫生部、劳灾补偿部和劳动者生活部组成。安全卫生部负责工伤事故预防、职业病预防、劳动者精神健康的管理与促进；劳灾补偿部的职责是确保劳灾保险赔付的实施、促进工伤康复；而劳动者生活部的职责是促进劳动者生活的不断充实和富裕、促进中小企业劳动者福利的提高[10]。从将安全卫生部、劳灾补偿部和劳动者生活部并列于劳动基准局之下的机构安排及对其各自职责的规定，可见劳动伤害预防、劳动伤害赔偿和职业康复"三位一体"之设计用心，体现了对三者间内在联系规律的强调和尊重。

由于日本劳动安全卫生监察体制与其行政管理体制是基本一致的，所以厚生

---

[9] 此次政府机构改革中将劳动省与厚生省合并而不是与通产省等其他部门合并的原因在于劳动保护及劳动者就业安定与劳动者的民生问题的联系更为紧密，且劳动省原本就曾是厚生省的一个厅。

[10] 厚生労働省の組織（厚生劳动省的组织结构）．http://www.mhlw.go.jp/general/work/roudou.html。

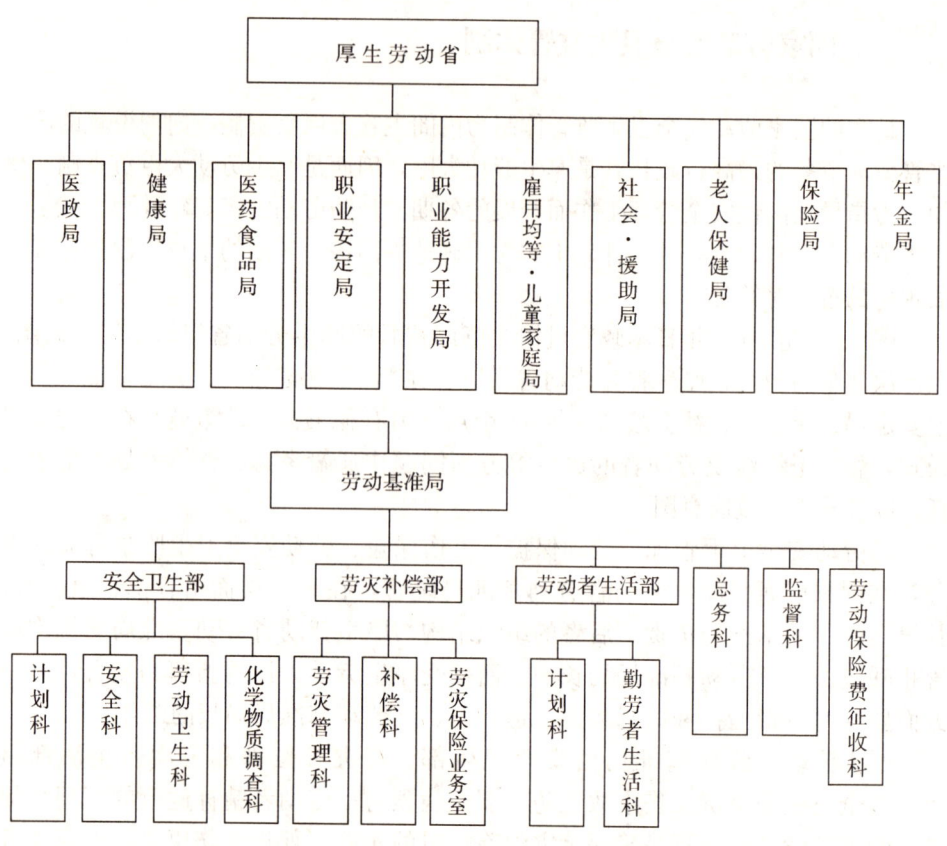

图 2—2　根据厚生劳动省官方网页资料制作的厚生劳动省组织结构图

劳动省劳动基准局同时具有国家劳动安全卫生监察的职能。即对所有适用于《劳动基准法》和《劳动安全卫生法》的企业（矿山企业除外[⑪]）进行监察和指导，对劳动者的合法权益进行保护。监察的具体职责范围包括：企业安全卫生管理体制、保护工人安全健康的措施、机械设备安全及有害物质处理、对工人就业的指

[⑪]　日本煤矿安全管理及监察的法律依据是《矿山保安法》（1949年5月制定，2004年6月最新修订），劳动安全卫生监察实行中央垂直管理体制，矿山劳动安全卫生监督归经济产业省管辖，由核能及工业安全局负责实施。在重点产煤地，由经济产业省派驻矿山安全监督部，在重点矿区则由当地的矿山安全监督部派驻安全监督署。地方矿山安全监督部负责煤矿安全监督监察，维护矿工利益、监督并帮助企业预防煤矿事故发生。另外，还负责对矿山监督员的培训工作。

导措施、健康管理、劳动安全卫生管理改进计划等。同样，各个地方层级的劳动基准局既是厚生劳动省劳动基准局领导下的地方劳动基准行政机构，也是地方劳动安全卫生的监察机构。

各级劳动行政管理部门或劳动监察部门的具体职责是靠分布在日本全国各地大大小小的劳动基准监督署来落实的。劳动基准监督署是劳动基准局的派驻机构，是《劳动基准法》明令要求各级劳动基准局必须设立的第一线劳动行政监督机构，一般内设安全卫生科、工伤保险科和业务科等。它们受厚生劳动省劳动基准局和地方劳动基准局的双重领导。除个别有其他规定资质或经验者以外，劳动基准监督署的监督官都是经过"劳动基准监督官"国家资格考试的合格者。

《劳动安全卫生法》第93条规定："厚生劳动省及都、道、府、县劳动局和劳动基准监督署要设产业安全专门官、劳动卫生专门官"。他们是利用所掌握的安全专业技术知识或劳动卫生专业知识帮助和指导企业主、劳动者及其他有关人员解决一些具体问题的技术人员。二者不仅需要一定的大学学历教育背景并满足一定的相关工作年限要求，而且必须要通过厚生劳动大臣的考试。此外，都、道、府、县劳动基准局还须设置劳动卫生指导医生，他们由劳动大臣从具有劳动卫生专业知识和经验的医生中任命。法律对上述劳动基准监督官、劳动卫生指导医生、产业安全专门官、劳动卫生专门官的职责权限都有明确规定。

围绕日本的国家劳动安全卫生管理体制应当关注的有以下几点：

第一，日本自1947年为配合《劳动基准法》的实施设立劳动省以来，机构名称或归属虽有过变化，但劳动安全与劳动卫生监管的职能一直非常稳定地延续下来。

第二，作为连接国家政策与政策执行之间的纽带，政策性、专业性、权威性极强的劳动安全卫生监察在劳动安全卫生管理方面发挥着十分重要的作用。其原因在于有完备的劳动安全卫生监察体系和相关机构及人员的秉公自律、各司其职。具有丰富的专业知识和实践经验的监督官们不仅严格执法，而且还为企业提供信息服务和一些具体建议。

第三，从日本厚生劳动省的组织结构设置可以看出，日本劳动安全卫生管理体制具有将就业、医疗、养老、劳动安全卫生、劳动灾害赔偿、保险、社会救济等民生问题连成一体，环环相扣。它不仅涵盖了我国人力资源社会保障部、安全生产监督管理局、卫生部、食品药品监管局、国家发展改革委员会的医疗服务和药品价格管理、民政部的医疗救助、国家质量监督检验检疫总局的国家卫生检疫等部门的相关职能，而且更能体现各机构间事务间的关联性，符合现代社会经济管理合理、高效、便于沟通的要求。

二、企业安全卫生管理体制用语⑫

企业劳动安全卫生管理体制是指有关劳动安全卫生管理系统的结构和组成方式，其核心是劳动安全卫生管理岗位的设置、各管理岗位职权的分配以及各管理岗位间的相互关系。《劳动安全卫生法》、《劳动安全卫生法施行令》以及《劳动安全卫生法规则》都对企业内各岗位的劳动安全卫生管理人员进行了明确规定或说明。

1. 一般企业安全管理体制相关用语

（1）安全卫生总管理者　由经营者按照行业类别及规模在各个生产单位选任的、负责领导安全管理者和卫生管理者以及对劳动者劳动安全健康工作担负总责的人。

（2）安全管理者　某一行业内用工人数超过 50 人的生产企业都要选任的、负责安全技术管理的人。

（3）卫生管理者　用工人数超过 50 人的所有行业的各企业都要选任的、负责劳动卫生技术管理的人。

（4）安全卫生推进者或卫生推进者　用工人数在 10～50 人之间的、规模较小的各企业都要选任的、从事与改善劳动卫生条件及疾病预防、工伤事故预防有关业务的人。企业必须在成立 14 日内确定安全卫生推进者，虽然法律没有规定必须向劳动基准监督署报告，但规定企业必须将安全卫生推进者姓名张挂在显而易见的地方，使众人皆知。

对于其他不一定必须有安全卫生推进者的小企业，可只选任卫生管理者，从事安全卫生推进者的业务。也就是说，只要是用工人数在 10～50 人之间的各行业的所有企业，法律规定必须确定安全卫生推进者或卫生推进者。

（5）产业医生（工业卫生大夫）　用工人数超过 50 人的企业，无论其属于何种行业都必须选任产业医生负责员工健康管理。

（6）安全委员会　根据不同的行业特点，法律规定某些行业用工人数超过

---

⑫ 依据《劳动安全卫生法》第 10～12 条。1972 年 6 月 8 日，法律第 57 号。

100人的企业必须设立安全委员会，而某些行业用工人数超过50人就必须设立。该委员会主要负责调查审议与预防劳动伤害相关的事务。

（7）卫生委员会　不论什么行业，只要用工人数超过50人的企业，都必须设立卫生委员会。该委员会负责调查审议与防范员工健康危害相关的事务。

（8）安全卫生委员会　对于必须设立安全委员会以及卫生委员会的单位，可以不用分别设立，由一个安全卫生委员会来代替。

2. 有承发包关系的企业安全管理体制相关用语

（1）安全卫生总负责人　用工人数超过50人的特定发包方的业主，必须选任安全卫生总负责人对作业场所的安全卫生工作负总责。而从事水利或某些桥梁工程建设等的业主方，当用工人数超过30人时就必须选任。

（2）发包方安全卫生管理者　为发包方业主选任的安全卫生总负责人提供技术支持、从事安全卫生技术管理的人员。

（3）店铺安全卫生管理者　不须选任安全卫生总负责人、用工人数在20人以上的发包方，须选任店铺安全卫生管理者，对企业从事安全卫生管理的人进行指导。

（4）安全卫生负责人　由承包方业主选任的、负责从事与发包方安全卫生总负责人及各相关方进行联络、担当该承包人的管理活动的人。

（5）作业主任　作业主任选任制度是一项预防工伤事故发生的重要措施。即在从事高压仓、焊接、锅炉、架线等危险性较大的作业时，企业主从从事该作业的施工者中选择一位具有相应技术资质的人，负责指挥包括自己在内的所有施工者。法律规定企业必须将作业主任的姓名和承担的业务内容进行公示，做到人尽皆知。承包方企业主选任作业主任的前提是必须具有从事该作业的资格证（执照），且必须通过都、道、府、县劳动局长举办的技能培训考核。

三、法定的企业安全卫生管理体制

企业是实施安全生产和保护员工健康的一个责任主体，是开展劳动安全卫生活动的主要场所，是法律法规中各种劳动基准的具体落脚点，因而促进企业开展积极自主的劳动安全健康管理也是政府的重要职责之一。日本在1972年制定《劳动安全卫生法》时，非常清晰地将企业主（经营者）定位于安全第一责任人，并对企业必须建立的劳动安全卫生管理体制进行了明确规定。

法定企业劳动安全卫生管理体制包括通用的劳动安全卫生管理组织结构、建设业及造船业等有承发包关系的企业的劳动安全卫生管理结构、组织结构中的人数规定等三大部分内容。

1. 通用的劳动安全卫生管理模式

所谓通用模式，是指不包括有承发包关系的建设业、造船业在内的其他各行业所适用的组织结构模式（如图 2—3 所示）。《劳动安全卫生法》将安全卫生总管理者、安全管理者（小企业是安全卫生推进者）、作业主任以及安全委员会的设置视为落实和推进企业安全管理的核心。

是否需要选任配备安全卫生总管理者和安全管理者，要视企业所属行业和企业规模而定。表 2—1 概括了《劳动安全卫生法》中规定的不同行业及不同规模的企业配备专职安全管理人员的要求。

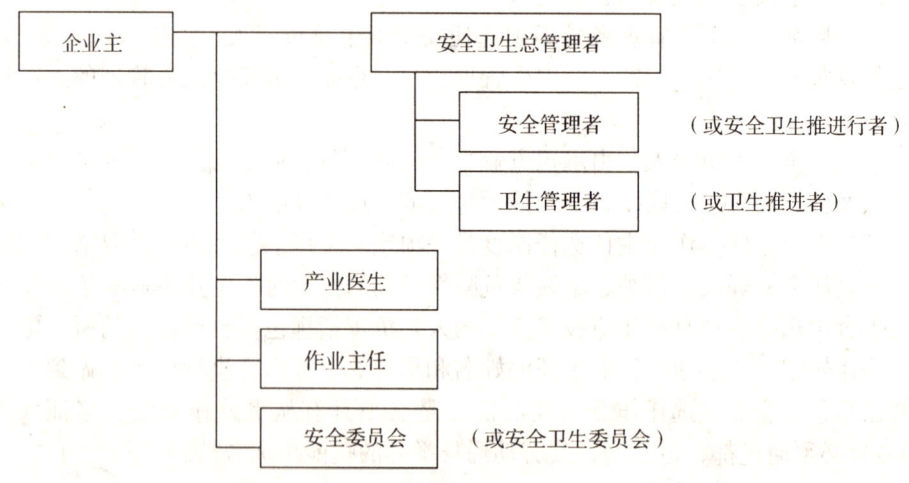

图 2—3 企业劳动安全卫生管理体制的一般模式 [13]

---

[13] 大関親. 新しい時代の安全管理のすべて（新时代安全管理大全）. 東京：中灾防，2002，98.

第二章　日本劳动安全管理体制研究

表 2—1　　　　　　　不同行业安全卫生管理体制一览表⑭

规定		行业																											
		制造业（含物体加工业）																运输业			批发零售业				旅馆娱乐业				
		化学工业							运输机械								矿业	建设业			林业	门窗隔扇·各种商品批发·零售业	日常用具等批发·零售业	燃料零售业	其他批发零售业	通信业	旅馆业	高尔夫球场业	其他旅馆·娱乐业	清扫业	其他行业
		有机化学工业产品制造业	石油产品制造业	无机化学工业产品制造业	化学肥料制造业	其他化学工业	纸·纸浆制造业	钢铁业	其他运输机械等制造业	造船业	供电·供气·供水业	汽车装备业	机械修理业	企业产品制造业	木材·木材品制造业	其他制造业			道路货物运输业	港湾运输业	其他运输业										
设立安全委员会		50					100	50	100		50	100			50	100	50		100	50		100	×	100		×	100		×	50	×
设立劳动卫生委员会		职工总数超过 50 人的所有企业																													
任命劳动安全卫生总管		300																	100				300			1 000	100		1 000	100	1 000
安全管理者	选任安全管理者	50																					×	50		×	50		×		
	设专职安全管理者	300	500	※		1 000				※2 000 人以上的企业，在过去 3 年里累计歇工 1 日以上的伤亡者超过 100 人的							300		500				※			×	※		×	※	×
卫生管理者	选任劳动卫生管理者	职工总数超过 50 人的；但被选任者人数视企业规模不同而有所差异																													
	设专职卫生管理者	职工总数超过 1 001 人的、作业人数超过 501 人的或有 30 人以上从事井下作业或从事《劳动基准规则》第 18 条列举的作业的单位																													
	选任卫生工程学卫生管理者	职工总数超 501 人的单位，当有 30 人以上从事井下作业或从事《劳动基准规则》第 18 条第 1、3、4、5、9 款所列业务时，所选任的 1 名卫生管理者要从有卫生工程学卫生管理者资质者中确定																													

⑭　不同行业安全管理体制一览表．神奈川劳务安全卫生协会网 http://members2.jcom.home.ne.jp。

续表

产业医生	选任产业医生	职工总数多于50人的所有单位(但3 001人以上的需要选任2名产业医生)						
	设专属的产业医生	职工总数超过1 001人以上的、或让500人以上从事《劳动安全卫生规则》第13条第2款所列业务的单位						
选任安全卫生推进者		☆10人以上50人以下的单位	×	☆	×	☆	×	
选任卫生推进者		×	☆	×	☆	×	☆	

备注:职工人数是大于表中的数字(即不包括该数目);
标×的部分表示设立或选任并非法定义务;
※表示2 000人以上的企业,在过去3年里累计歇工1日以上的伤亡者超过100人的;
☆表示10人以上50人以下

2. 企业安全卫生管理机构示例[15]

(1) 大型企业生产线——职能性安全管理组织结构,如图2—4所示。

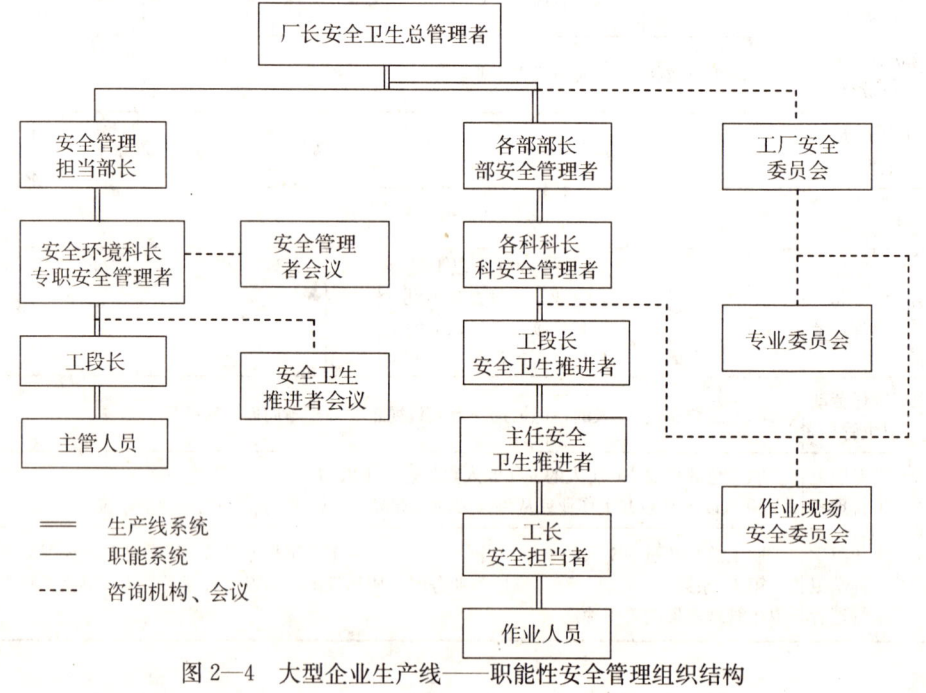

图2—4 大型企业生产线——职能性安全管理组织结构

---

[15] 大関親. 新しい時代の安全管理のすべて(新时代安全管理大全). 東京:中災防, 2002, 106—107.

(2) 中小企业生产线——职能性安全管理组织结构，如图 2—5 所示。

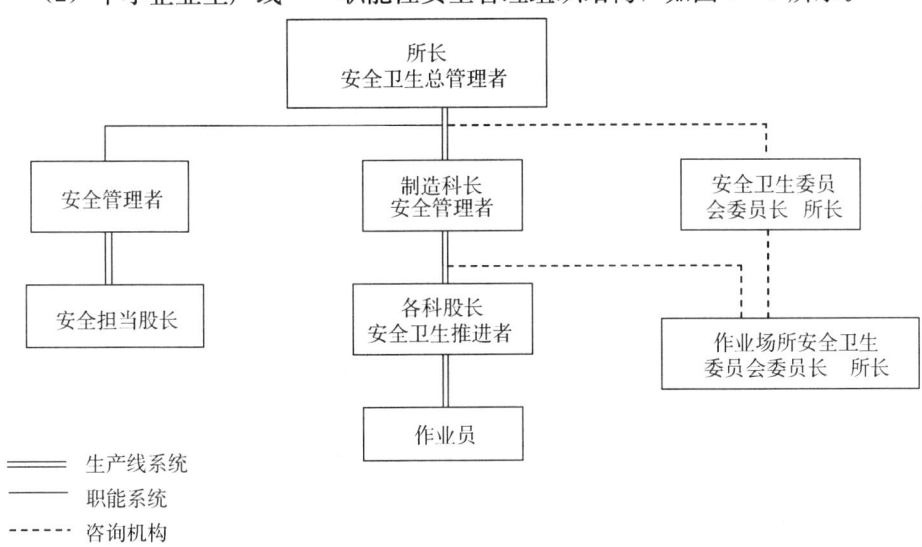

图 2—5　中小企业生产线——职能性安全管理组织结构

3. 有承发包关系的企业的综合安全管理体制

对建筑业、造船业等有着承发包关系甚至是多重承发包关系存在的行业，《劳动安全卫生法》中分两类情况对其安全管理体制的建立做出了规定。

第一种，针对"总承包方"的规定。对与其他企业签订合同、与对方结成命运共同体关系而从事项目建设的承包方，法律从发包条件的完备性、现场监管的及时性以及技术指导的有效性等方面提出了安全要求。

第二种，针对"特定总承包方"的规定。特定总承包方，是指在同一个施工场所有不同单位的员工混在一起交叉作业的工程的总承包单位。法律规定，如有几个承包单位分别承包同一工程，应各自采取安全措施，但总承包施工单位必须指定一人负责施工现场的安全，否则由劳动基准监督署长指定。当有数个不同承包单位在同一个施工现场同时混合作业时，为了防止事故发生，特定总承包方必须建立协商机制，在作业中经常保持联系和进行调整，要巡视作业现场，对工人进行安全卫生教育、指导和帮助。此时的协议安全管理体制如图 2—6[16] 所示。

---

[16] 大関親. 新しい時代の安全管理のすべて（新时代安全管理大全）. 東京：中災防，2002，120。

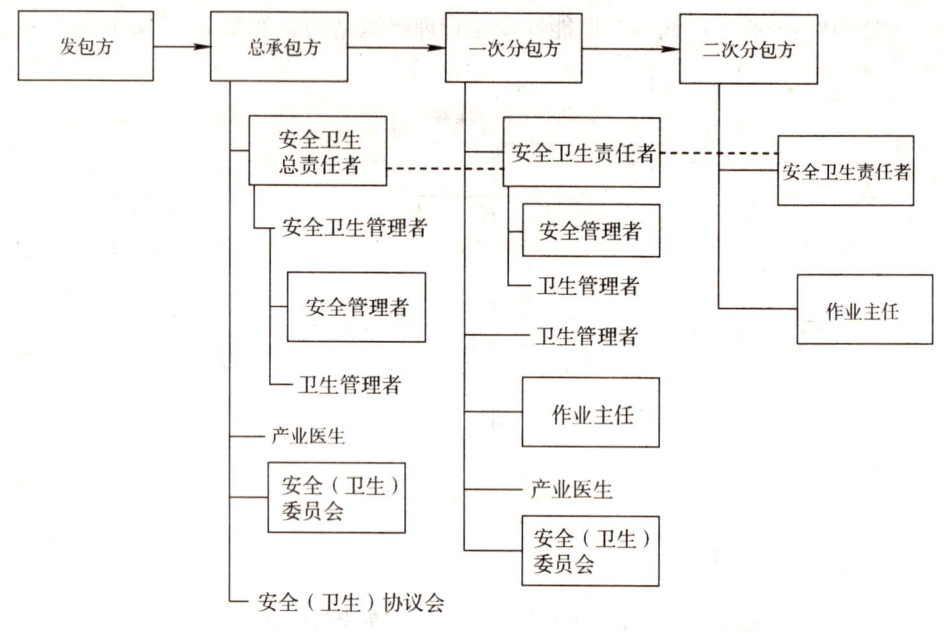

图 2—6 协议安全管理体制

四、对劳动安全卫生专业技术管理人员的配备及职能要求

日本规定，企业在注册成立后 14 天内必须视自身所属行业及规模大小分别选任劳动安全卫生总管理者、劳动安全管理者、卫生管理者。所谓企业规模，一般是用包括临时工在内的职工人数来表示。

企业除可聘用劳动安全卫生顾问任职外，必须从本单位人员中选任劳动安全推进者和劳动卫生推进者、工业卫生医生及作业主任等，并及时上报到劳动基准监督部门。安全卫生总管理者由企业的首脑担任，劳动安全管理者、卫生管理者、劳动安全推进者和劳动卫生推进者大致相当于我国企业内的安全工程技术人员，注册劳动安全顾问和劳动卫生顾问的部分职能相当于我国的注册安全工程师。

以下以劳动安全管理者和卫生管理者为重点，对上述专业人员岗位的设置及人员配备条件和要求等作概要说明。

1. 安全卫生总管理者

按照日本的法律规定，下列企业必须选任安全卫生总管理者，且此总管理者

第二章 日本劳动安全管理体制研究

要由该单位的最高责任人担任。

(1) 林业、矿业、建设业、运输业及保洁业（100 人以上的企业）。

(2) 制造业（包括加工业），电气业，煤气业，供热业，自来水业，通信业，各种商品批发业，家具、门窗、工具等批发业及零售业，各种商品零售业，燃料零售业，旅馆业，高尔夫球场业，机动车维修业及机械修理业（300 人以上的企业）。

(3) 其他行业（1 000 人以上的企业）。

安全卫生总管理者的职责是领导安全管理者和卫生管理者，对企业的事故预防工作实行全面管理。

2. 安全管理者

(1) 配备要求　规模在 50 人以上的下列企业必须按照法律规定选任劳动安全管理者：林业，矿业，建设业，运输业及保洁业，制造业（包括加工业），电气业，煤气业，供热业，自来水业，通信业，各种商品批发业，家具、门窗、工具等批发业及零售业，各种商品零售业，燃料零售业，旅馆业，高尔夫球场业，机动车维修业及机械修理业等。

符合下列情况的企业，不仅要选任劳动安全管理者，而且要在其中选任至少一名为专职劳动安全管理者：

300 人以上的建设业、有机化学矿业产品制造业、石油产品制造业企业；

500 人以上的无机化学工业产品制造业、化学肥料制造业、道路货物运输业、港湾运输业企业；

1 000 人以上的纸、纸浆生产业、钢铁业、造船业企业；

2 000 人以上的其他企业。

(2) 安全管理者的主要职责　劳动安全管理者的职责可以概括为《劳动安全卫生法》第 10 条第 1 款规定的安全卫生总管理者的职能范围中有关安全分支的技术管理。其具体业务主要包括：

①建筑物、设备、作业场所以及作业方法导致的危险状况发生时应采取的应急措施或有效的防止措施。

②安全装置、防护器具以及其他事故防范设备、器具的定期检修。

③进行作业安全教育及训练。

④对发生的工伤事故进行原因调查和制定防范对策。

⑤消防及避难训练。

⑥对作业主任以及其他辅助安全管理人员的监督。

⑦有关安全资料的制定、收集及重要事项的记载。

(3) 安全管理者的任职条件　安全管理者必须从接受过厚生劳动大臣规定的安全培训（被称为"选任安全管理者时的培训"）的人员中选任，一般由接受过大学或高中的正规理工科教育且具有实际安全工作经验的人员担任，也可以聘用劳动安全顾问担任。

对厚生劳动大臣规定的安全培训所做的说明是通过厚生劳动省劳动基准局局长发布的告示⑰进行的。目前执行的是2006年2月24日最新修订发布的劳动基准局局长告示。告示的内容不仅包括对四个培训科目范围的规定（安全管理、危险性、有害性辨识及其对策、安全教育、相关法律法规）、对免试人员及其免试科目的规定，而且还非常明确地规定了对从事该种培训的师资要求、规定了教师深造的教学内容及时间要求等。

从2006年10月1日起，日本实行了对安全管理者任职条件的最新规定：

第一，大学或大专理工科毕业生、接受过厚生劳动大臣规定的安全培训（包括危险性、有害性辨识等有关内容，共9学时），且有2年以上产业安全实际工作经验者。

第二，正规学习了理工科课程的高中毕业生或中专毕业生、接受过厚生劳动大臣规定的包括9学时危险性、有害性辨识等内容在内的安全培训，且有4年以上产业安全工作经验者。

第三，注册劳动安全顾问。

第四，由厚生劳动大臣认可的其他人员。

与此前《劳动安全卫生法》中的相关内容相比，安全管理者的任职条件中强化了应接受的安全培训的内容和时间要求，但对从事实际安全工作年限的要求均缩短了1年。

3. 卫生管理者

卫生管理者在调查与改善作业环境、保护劳动者健康、从事劳动卫生教育等多方面发挥着重要作用。

(1) 配备要求　日本对企业配备卫生管理者有着更为明确和细致的要求。不仅要求50人以上的所有企业都必须配备卫生管理者，而且还规定按具体的职工人数配备不同名额的卫生管理者（见表2—2），同时还明确要求1 000人以上的

---

⑰　告示的名称是"有关劳动安全卫生规则第5条第1款'厚生劳动大臣规定的培训'之事项"（基发第0224004号）。

企业必须配备至少1名专职卫生管理者。另外,日本对卫生管理者的任职资格及条件的要求也更为严格,即后者必须是国家资格考试"第一种卫生管理者考试"或"第二种卫生管理者考试"的合格者,或是持有医师、牙医、注册劳动卫生顾问等国家资质者。

表 2—2　　　　　　　　　卫生管理者人数规定

职工人数（人）	卫生管理者数（人）
50～200	1
201～500	2
501～1 000	3
1 001～2 000	4
2 001～3 000	5
3 001 以上	6

(2) 卫生管理者的主要职责有：
①发现健康异常者并采取相应措施。
②作业环境的劳动卫生调查。
③从作业条件、设施等方面入手改善劳动卫生状况。
④劳动卫生防护用具、急救用具等的检查及保养。
⑤劳动卫生教育、健康咨询以及其他有关保护劳动者健康的必要事项。
⑥劳动者因伤、病死亡,缺勤或调动等相关情况的统计。
⑦劳动卫生日志的记载等职务记录的完备等。
此外,卫生管理者每周至少1次进行作业现场的定期巡视,当发现设备、作业方法或劳动卫生状态有可能危害作业人员健康时,必须立即采取保护劳动者的措施。

(3) 卫生管理者的任职资格　与劳动安全管理者的任职条件有所不同,卫生管理者必须从"第一种卫生管理者考试"或"第二种卫生管理者考试"（国家资格考试）的合格者或已经取得了下列资格的人员中选任：

◆医师
◆牙科医师
◆注册劳动卫生顾问
◆厚生劳动大臣认可的其他人员

所谓"第一种卫生管理者"是指在雇用劳动者总数通常为50人以上的下列

各类企业任职的卫生管理者：农林牧渔业、矿业、建设业、制造业（包括加工业）、电气业、煤气业、管道业、供热业、运输业、机动车维修业、机械修理业、医疗业、保洁业。而"第二类卫生管理者"则指在50人以上的其他各类企业任职的卫生管理者。也就是说，取得第一种卫生管理者资格的人员可以担任各种行业的卫生管理者，而取得第二种卫生管理者资格的人员只能担任职业危害程度较小的行业及企业的卫生管理者。

(4)"第一（二）种卫生管理者考试"的基本情况：

①报考条件　符合下列条件之一者，可以报名参加此考试：

第一，大学或大专毕业，并有1年以上从事劳动卫生实际工作经验者；

第二，从依据学校教育法成立的高中或中专毕业的毕业生，且具有3年以上从事劳动卫生实际工作经验者；

第三，持有按《船员法》第82条第2、3款规定被颁发有卫生管理者任职证书的，且具有1年以上从事劳动卫生实际工作经验者；

第四，其他由厚生劳动大臣规定的人员。

②考试承办机构及考试时间　基于日本《劳动安全卫生法》规定的所有资质考试均由厚生劳动大臣指定的考试机构——"安全卫生技术考试协会"代行国家考试职能，具体负责组织实施。

"第一（二）种卫生管理者"考试大约每月1~3次在全国各地的7个安全卫生技术中心分别举行，各地具体考试日期有所不同。

③考试科目、题量及合格线　第一种资格考试和第二种资格考试的科目相同，都包括劳动卫生、劳动生理和法律法规三个科目，但题量略有差异。

此种考试不设合格者比例、不分得分高低顺序，只要是单科得分40%以上、三科总得分在60%以上者即为考试合格者。考试合格者由厚生劳动大臣颁发合格证书。

统计资料显示，第一种卫生管理者资格考试的合格率大约为40%~45%；第二种卫生管理者资格考试的合格率大约为60%，是合格率较高的国家资格考试。

4. 劳动安全卫生推进者和劳动卫生推进者

职工人数在10~50人（不足50人）的林业，矿业，建设业，运输业及保洁业，制造业（包括加工业），电气业，煤气业，供热业，自来水业，通信业，各种商品批发业，家具、门窗、工具等批发业及零售业，各种商品零售业，燃料零售业，旅馆业，高尔夫球场业，机动车维修业及机械修理业的企业，必须选任劳动安全卫生推进者。其他行业的企业则必须选任劳动卫生推进者。

除可聘用劳动安全卫生顾问任职以外，劳动安全卫生推进者和劳动卫生推进者要从本单位人员中选任。他们的职责是在业主领导下推动企业劳动安全卫生管理活动的开展。

5. 产业医生

根据劳动安全卫生法的规定，职工人数在 50 人以上的所有企业都要从具有医师资格的人员中选任工业卫生医生，且 3 000 人以上的企业须配备 2 名以上。这些产业医生要行使与保护劳动者健康有关的各项职责。

以上概述了日本国家层面和企业层面的劳动安全卫生管理体制，它们的职能作用是日本整体安全管理水平得以不断提升的重要原因之一。特别是法定的企业（生产现场）安全管理体制设计，它不仅明确定义了安全卫生总管理者，还强调了安全（卫生）管理者、安全卫生推进者、产业医生、产业保健师等岗位职能的齐全及其协调配合，为企业经营层和员工开展自主的控制风险活动提供重要保证，也形成了日本企业安全管理体制的重要特色。

作者小议

劳动安全卫生管理体制的建立虽然与国家的政治制度、经济体制和制度发展史密切相关，但随着信息化和经济全球化的发展，一些国家的劳动安全卫生管理已出现了相互影响和渗透的趋向。通过了解日本安全管理体制概况，并结合国际上安全管理体制的一般设计模式，可以更进一步了解上述趋势，对在评价我国现行职能肢解式安全管理格局利弊的基础上探讨今后的安全管理体制改革，具有一定的借鉴作用。

第三节 安全文化建设和安全人才培养模式

一、安全文化建设

安全文化是一种客观存在,它寓于人类文化的宝库之中,是随人类的生存和发展而产生、积累、继承和发展的。然而,作为一个学术研究对象,安全文化概念的提出始于1986年苏联切尔诺贝利核电站事故发生之后。由于原子炉不具备充分的运行条件导致了事故的发生,而根本原因被确定为组织管理过失。这引起了国际社会对安全管理问题的普遍关注,并促使国际原子能机构(IAEA)、世界经济合作开发组织(OECD)、英国安全卫生厅(HSC)和国际标准化组织(ISO)着手确立了安全文化的基本理念及安全文化对策,其目的在于把安全文化的概念作为重要的管理原则应用到核电厂的安全管理中。

国际核安全咨询组织(INSAG)对安全文化的描述是:核电厂的安全问题有着绝对的优先性,安全文化就是指具有能确实反映出与这种优先性相匹配的对安全给予了足够重视的一个组织的机能和个人态度的集成。安全文化概念的提出具有重大而深远的意义,它体现了人类对安全问题的认识有了一个质的飞跃。因此,它的提出,极大地推动了全球对安全本质的探讨和安全文化事业的发展。

日本曾发生过一些影响极为恶劣的重大安全事故,但经过前十个"防止劳动灾害五年计划"的实施,其劳动安全卫生状况已经有了迅速好转,总体伤亡事故一直处于下降趋势,且呈现较低的事故率,2002年度工伤死亡人数降到1 654人,2006年,死亡人数低于1 500人,2007年该数字又有大幅度下降[18]。如此有成效的事故预防主要归功于日本雄厚的经济实力和安全监管,也与整体国民素质特别是安全素质的水平、与安全文化的建设紧密联系。

1. 大力倡导安全文化的动因

日本企业安全文化建设的兴起除了有国际原子能机构的推动作用以外,还有其自身的背景因素。如1999年,由于核泄漏事故、卫星发射失败、铁路隧道事

---

[18] 厚生劳动省. 防止劳动灾害计划(2008年—2012年). 第2页.

故等重大安全事故接连发生,引起了日本朝野的极大不安和国际社会的密切关注。鉴于此,同年10月日本政府设立了由各有关部、厅共同参加的防止事故灾害安全对策会议制度,对导致上述事故发生的共同原因进行了重点分析和筛选,并针对共性问题制定了防范对策。1999年12月8日,"防止事故灾害安全会议报告书"正式面世。在该报告书中明确了以创建安全的社会为基本理念,指出了建设安全文化,营造安全优先的社会风气、提高全体社会成员的安全意识的重要性,制定了政府及业主应该采取的具体措施。该会议制度的设置以及报告书的发表,标志着安全文化建设在日本国内的大范围启动。

2. 安全文化及其内涵

在日本,安全文化被明确地解释为组织及个人以安全为最优先的风气或素质,安全文化建设被定义为培育这种风气或素质以提高全社会安全意识的过程。对安全文化建设的精髓及其丰富的内涵提炼亦极具特色,如图2—7所示。

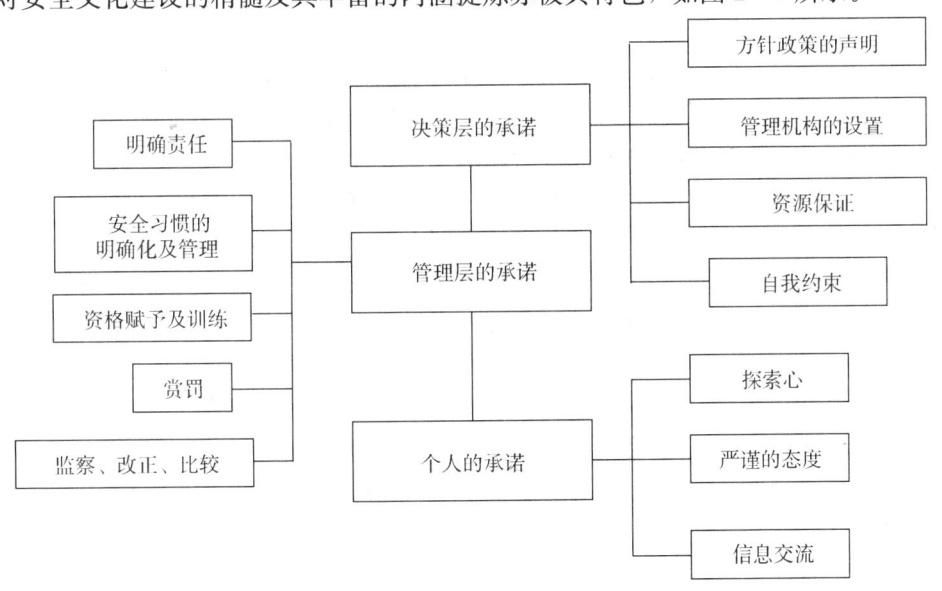

图2—7 安全文化构成图[19]

---

[19] 日本劳动科学研究所安全文化主题 http://www.isl.or.jp/topics-keyword/safetyc.html#sc4。

结合国际原子能机构对安全文化的定义，分析图 2—7 可以看出日本对安全文化及其基本内涵的确定在于强调：第一，安全文化是一个企业的整体安全品质素养，其核心是所有层次及所有人员在态度及行动上对安全的郑重承诺。企业安全文化最终体现在企业安全文化管理及企业每一个成员的安全行为质量两个方面，企业成员又可以分为企业决策者、管理者及职工个人三个层次。由图 2—7 可知，构成安全文化的核心内容是各个层次的责任者对安全的承诺。第二，由于系统安全问题本身的绝对重要性而使安全文化具有优先于其他一切问题的地位。第三，安全文化的形成是组织体制或组织机能作用的结果。第四，安全文化是指企业在长期发展过程中形成的企业成员共同的安全价值观和在工作及交往中自觉的、惯性的安全态度及表现。

3. 在安全文化建设方面的主要做法及特点

日本在安全文化建设方面的主要做法可归纳为：政府倡导、科研支持、教育培训、安全活动等。特别是通过政府倡导，确立了要使安全文化在职业安全卫生管理体系的宣传和贯彻过程中根植于企业的重要方针，要求企业各个层次的责任者必须对建设安全文化做出应有的承诺，以确保企业在向社会提供物质产品的同时还能展现自己的精神风貌和恪守自己的社会责任。

（1）政府积极倡导　在推进安全文化建设的过程中，政府的积极态度是极为鲜明的，政府的影响对推动活动开展的作用也是十分明显的。前面提到的"防止灾害安全对策会议制度"设立在中央政府层面，由相关的部、厅共同参加，体现了国家对安全文化建设的高度重视。同时，也为安全文化建设的顺利推进提供了重要的保证。在倡导安全文化建设的报告书发表之后，厚生劳动省也迅速发出通知，要求相关的行政部门和关联者要紧密协作，加强联络，持续不断地开展安全文化建设活动。很多企业将建立职业安全健康管理体系作为推进企业安全文化的重要手段。

（2）以安全文化的科学研究为支持　有关安全文化的科学研究主要包括对安全文化基本理论的研究、从组织及文化角度入手的事故研究、安全文化评定工具的开发以及安全文化的传播研究等几个方面。

日本的"防止事故灾害安全对策会议制度"在设立之前，安全文化研究会就已正式成立。它是由 1997 年 10 月召开的高压气体保安协会的全国大会发起的。在此次会议上，研究者们就用自然科学手段和社会科学手段来研究和解决安全问题达成了一致，并由此改变了以往自然科学专家与社会科学专家在安全问题研究上老死不相往来的局面。迄今，这个研究会已就安全文化建设的多方面课题发表了研究成果。如"安全文化的概念及要素"、"安全文化的强化和应用良策"、"各部门为形成企业安全文化的职责"、"从提升安全文化的角度分析劳动安全行政管理的实施课题及方向"、"安全文化组织的安全文化测定与评价"等。这些研究成果对于指导安全文化建设的实际工作具有重要意义。

2006年9月成立的日本安全教育学研究会是一个以从事安全学启蒙和普及教育为目标的中立学术团体。它透过安全文化学、食品安全学、环境安全学、产业安全学等分科研究成果探求安全学的共同要素,并在此基础上,研究安全学学科体系。其会员由致力于安全学研究及教育普及的大学教授、中央及地方政府官员、中央及地方科研机构研究员、注册劳动安全卫生顾问以及民间人士组成。在2009年8月结束的第4次年度研究大会上,文部科学省科学技术政策研究所的主任研究官发表了题为"关于组织安全文化的测定法"的论文,论文指出,开发企业安全文化评价工具并在部分企业进行试点使用是日本安全文化建设的重要途径。表2—3是由日本核能技术组织与日本劳动科学研究所共同设计的、用于管理者安全文化评价的调查问卷。

表2—3　　　　　安全文化评价调查问卷[20]　　　——管理者用——

以下是对贵公司"安全文化"的问询。请分别在左右两栏里填入您的回答: 　　在左侧的回答栏里请您直接填入结论（3个级别）;在右侧的回答栏里请您填入对自己回答的自信度（5级）。 　　　　　　　　　　　　　　　NO　1　2　3　不肯定　1　2　3　4　5　肯定
关于安全声明 ①知道安全文化这个词吗? ②公司里有无安全声明? ③能够很方便地看到安全声明吗? ④能说出安全声明的内容吗? ⑤一半以上的从业人员能马上说出安全声明的内容吗? ⑥你能举例说明安全声明发挥了作用吗? ⑦安全声明经常被修改吗? ⑧发生问题的时候脑海里浮现出安全声明吗? 关于上级管理层 ⑨你的安全管理职责是否被明确记载了? ⑩担任安全管理的人员是否会经常被更换?

---

[20] 劳动科学研究所. 对安全文化的解释. http://www.isl.or.jp/topics-keyword/safetyc.html。

⑪安全是否为领导干部会议的议题？
⑫在那样的领导会议上现场安全管理人员是否有发言的机会？
⑬领导干部会议的资料是否发给现场管理人员？
⑭现场安全管理人员是否对领导们有信任感？
⑮领导干部们是否定期进行现场安全检查？
关于安全制度
⑯是否有与安全活动相关的专门会议制度？
⑰是否有领导干部与现场安全管理人员的碰头会？
⑱是否制定有处理意外事件的预案基准？
⑲是否有向现场指挥报告安全问题的程序？
⑳是否有修订上述安全基准的程序规定？
㉑是否有实现安全绩效的报告制度？
㉒是否有安全提案制度？
㉓是否有分析事故总结教训的制度？
㉔是否有个人工作失误的报告制度？
㉕你认为出现失误的员工会利用上述制度吗？

(3) 充分发挥被授权的社团及中介组织的作用　由于政府安全监督管理机构对社团组织、中介机构实施认可委托管理制度，能够统一规划，合理布局，获取资格的社团和中介组织开展相应的技术服务工作，它们之间既有分工又有协作交流，相互关系较为顺畅。同时由于有厚生劳动省的经费支持，各活动主体可以降低活动的收费标准，在一定程度上减轻了参加各种活动的企业的负担。从而促进了安全文化建设机制的顺畅运行。

以中央劳动灾害防止协会为例，它在9个地区都设立了安全卫生中心，2个地区设立了安全卫生教育中心，内设9个安全管理部门，其中安全卫生情报中心、劳动卫生检查中心、大阪劳动卫生综合服务中心、日本生物检测研究中心、国际安全卫生培训中心和安全展览馆等都是由厚生劳动省投资援建并委托经营的。他们根据厚生劳动省劳动基准局每年的安全工作计划具体组织开展各项有关活动。如每年的安全月活动、劳动卫生月活动以及每年10月举办的产业安全大会等，后者的参加人数高达万余人，是全国安全监督管理人员、专家学者、企业安全管理人员的年度盛会。大会期间设各类专业安全技术研讨会、座谈会、信息交流发布会、安全产品展示会和商贸洽谈会等，声势浩大，为推动社会关注安全生产、提高全民安全生产意识起到了很大的作用。

(4) 充分利用各种宣传活动形式　以推进企业事故预防和安全管理活动的开展及提高全民的安全意识为目的，利用各种形式、各种规模坚持不懈地开展安全宣传教育活动也是日本安全文化建设的一大特点。已经被固定下来的全国性安全活动主要包括每年7月1日至7日的全国安全周活动、10月1日至7日的全国劳动卫生周活动、每年10月份召开的全国安全卫生大会、年末年初的零事故运动、全员零事故运动等，都由日本厚生劳动省和中央劳动灾害防止协会主办。

例如，厚生劳动省和中央劳动灾害防止协会利用全国"安全周"活动的实施，最大规模、最大范围地在全国宣传安全文化理念、营造安全文化氛围、传播安全文化知识。从厚生劳动省公布的1928年以来的80个全国安全周活动口号中，可以发现进入21世纪以来，以安全文化为口号的全国安全周已经举行过3次，相关情况见表2—4。

表2—4　　　　　　　　以安全文化为主题的全国安全周

安全周次数	安全周实施年份	安全周口号
第73次	2000年	从零事故到零危险　共筑新的安全文化
第79次	2006年	降低风险全员参与　确立"安全文化"
第82次	2009年	让安全文化扎根　消除现场危险萌芽

安全周活动口号虽然只是一些短短的语句，82年来的汇集却使它们成为日本安全管理时代变迁的一个缩影，成为人们系统地观察和分析日本安全管理特点的一个切入点。就表2—4中安全文化主题而言，从"共筑"到"确立"再到"扎根"，一方面表明2000年实施的安全周活动是一个重要的转折点，也可以说是一次质的突破，因为全国范围内的安全工作重点已从消灭事故向消灭事故风险发生了转移，在构建安全文化的层次上发生了上移；另一方面表明作为一项系统工程，日本的安全文化建设正在向纵深发展。

除了上述安全活动以外，日常传播安全文化的途径还有中央劳动灾害防止协会开办的常年免费安全技术展览，简洁易懂、引人入胜、制作精良的安全专题电视节目，各种印刷精致、随手可得的宣传小册子，大街、地铁站到处可见有关的宣传画和标语，街巷里随处可见的紧急避难场所及路线的指示牌等，都是安全文化建设的重要手段。

为了提高全民安全意识，社团组织、行业协会、中介机构等平时都在开展形式多样的安全宣传活动。

此外，从小树立正确的安全健康观和养成良好的安全健康习惯能够对人们日后的工作和生活形成重要的影响，日本文部科学省规定从幼儿园阶段就开始要对孩子们进行与各个年龄段有关的安全健康方面的教育，使他们从小就不断提高对安全健康的感性认识，把习惯化教育作为一项基本内容持续下去。这对于孩子们走向社会后的安全健康成长是非常必要的。

(5) 开展安全培训教育、积极推行执业资格制度、培养安全文化人才　日本的安全教育培训由国家实施的安全教育（包括学校教育）、企业实施的安全教育和科研团体中介机构实施的安全教育组成。《劳动安全卫生法》及《劳动安全卫生规则》等法律法规中，将新员工入厂安全教育、特种作业人员安全教育、工长安全教育、经营首脑安全教育等列为法定安全教育项目，规定劳动安全顾问、劳动卫生顾问、卫生管理者等必须持有国家资格证书才可就业。所有管理者、技术人员、专家顾问及各岗位的员工都被纳入企业安全教育体系当中，他们既是企业安全文化的受益者，又是企业安全文化的建设者和传播者。

此外，为了实现安全文化建设及安全管理的长效机制，加强专门人才的培养、落实"人才兴安"已成共识，它涉及政府相关决策部门和教育界、企业界、科研界、教育中介服务等多个方面，是一项重要的系统工程。为此，日本将人才培养作为安全管理的一个重要组成部分，通过多种渠道实施劳动安全卫生方面的人才培养。

二、安全人才的培养模式

近年来，日本的安全人才培养问题被高度关注。其原因在于，第一，伴随着"团块世代"[21]的集中退休，大量经验丰富的安全管理人员及安全技术专业人员也随之离去，而他们的专业知识和技能却未能被很好地传承下来。第二，由于大量的小企业缺乏安全技术和管理的专门人才，大多数都没有建立完善的安全卫生管理体制，因而事故多发，这个问题始终未能得到很好的解决。第三，由于经济全球化以及越来越多的新技术在生产中的应用所带来的风险，使安全专业人员的知识更新和能力强化的客观需求越来越突出。因而，如何培养高质量的、适应高风险管理需求的安全人才，成为政府的当务之急。

日本的劳动安全卫生方面的人才培养包括学校教育（国家教育）、企业教育和社团中介机构培训三种模式。如：日本产业医科大学是对在校学生进行职业健康医师的教育培养，同时科研院校也受相关部门的委托，对在职的医生、护士、职业健康医师进行培训工作；安全卫生普及中心面向特种作业人员和劳动卫生管理者等提供《劳动安全卫生法》中规定的资格考试培训；中央劳动灾害防止协会

---

[21] 第二次世界大战后的 1947—1949 年生育高峰期出生的人到了 2007 年前后又集中退休。这些人被称为"团块世代"。

下设的东京安全卫生教育中心和大阪安全卫生教育中心也是厚生劳动省指定的培训机构,主要负责培训在劳动安全卫生管理方面起重要作用的生产现场管理人员或劳动安全卫生顾问。

以下重点论及日本有关安全人才培养的高等教育现状和分析以横滨国立大学为代表的跨学科高风险管理人才培养的特点。

1. 高校安全人才培养现状

日本的高校安全人才培养,就办学模式而言,既有专业教育也有非专业教育。前者是指开办安全工程专业培养专门人才,后者是指面向非安全工程专业的学生开设安全工程方面的概论性课程,以此提高非安全工程专业学生的安全素养和安全技能。如横滨国立大学面向工学部[22]学生开设安全工程概论,早稻田大学为理学部环境资源工学专业开设环境安全工程概论等。此处重点关注安全工程的专业教育。

与我国近年来设置安全工程系或专业的学校迅速增加到100多所不同,日本的高等院校没有增设安全工程专业的趋势,其主要原因是日本将安全技术作为工程技术的组成部分,将各专业领域的安全知识融入该领域的专门知识体系,在此基础上实行以理工科专业知识为平台的安全工程技术教育。因此,文部科学省公布的765所(到2008年)4年制大学中开办安全工程专业教育的学校为数很少(见表2—5),其中以环境能量安全工程为培养方向的横滨国立大学工学部也将安全工程专业改为物质工程专业。

表2—5　　　　　　日本开办安全工程专业教育的院校[23]

大学	院、部	专业	对象层次	证书
横滨国立大学	工学部	物质工程专业(环境能量安全工程方向)	本科生	学士
	研究生院安心、安全科学研究教育中心	高风险管理技术	硕士研究生、博士研究生	所属专业硕士＋单元履修证书

---

[22] 日本的大学中的学部,相当于我国大学中的"系"。
[23] 钮英建. 日本大学安全工程教育模式与课程探析. 安全与环境工程学术论文集. 北京:首都经济贸易大学出版社,2009.146。

续表

大学	院、部	专业	对象层次	证书
筑波大学	研究生院系统信息工程研究科	风险工程	硕士研究生、博士研究生	社会工学硕士、博士工学硕士、博士
长冈技术科学大学	专职研究生院技术经营研究科	系统安全专职	硕士研究生	系统安全硕士（专职）
神户大学	工学部	市民工程（安全人因工程＋环境共生工程）	本科生	学士
	大学院工学研究科	市民工程（安全人因工程＋环境共生工程）	硕士研究生、博士研究生	工学硕士、博士
福井大学	大学院工学研究科	原子能安全工程	硕士研究生、博士研究生	工学硕士、博士
千叶科学大学	危机管理系	危机管理	本科生	学士
香川大学	工学部	安全系统建设工程	本科生	学士
东京大学		安全、安心与科学技术	社会人士	无资格证书

此外，作为一所指向性很强的高校，专门培养工业卫生医生的产业医科大学拥有很高的知名度。该校将产业保健系与医学系并行设置，培养不同方向的劳动安全卫生专业人才，如产业医生、产业护理师、劳动卫生工程师、作业环境监测师等。教学内容涉及劳动卫生基础科学及应用科学。

其他以名古屋大学、和歌山县立医科大学、冈山大学、熊本大学、长冈科学技术大学、神奈川大学等为代表，还有很多大学的医学系或工科系也在劳动安全卫生的不同专业领域有成熟的研究，一直为日本的劳动安全卫生事业发挥着重要的技术支撑作用。

因而，可以对日本高校的安全人才培养或安全科学研究现状做如下概括：医科类大学从事劳动卫生基础科学及应用科学的研究及技术转让（如人机学，卫生工程学，流行病学，职业中毒学等方面）；工科类大学从事劳动安全工程（如安全工程学、人机学等）或劳动卫生工程学（噪声、有害物质、温热环境改善等）的基础研究及应用研究和技术转让。也就是说，除了产业医科大学以外，目前日本基本上不存在单独设立的劳动安全卫生工程学院（系），但是有很多专门从事劳动安全或劳动卫生研究的学者，他们分布在各院校的医学系、工科系社会学系或经济学系里，通过转让自己的研究或技术开发成果，为推动日本的劳动安全卫生事业发挥重要作用，同时通过开设课程或带领学生从事共同研究来进行对相应领域的人才培养。

近年来，伴随着自然灾害、重大伤亡事故、公共卫生事件、社会安全事件、恐怖事件的多发，日本在安全人才培养模式上出现了一种与政府主导直接相关的最新动向，非常值得关注，因为这是一种为满足国家之需的跨学科高级安全人才的培养模式。以下是对横滨国立大学安心、安全科学研究教育中心实施的高风险技术管理人才培养项目的概要说明和思考。

2. 安心、安全科学研究教育中心的创立及其高风险管理技术人才培养

为落实文部科学省关于开展安全、安心科学技术研究开发战略，2004年6月，横滨国立大学成立了安心、安全科学研究教育中心。对内，面向全校学生招收已修满学分的在校硕士生或博士生，实施与安心、安全、风险评价相关的专门课程教育，并给考试合格者颁发"高风险管理技术人才培养证书"；对外，面向社会各界和普通民众开设与安心、安全、风险管理有关的讲座。

该中心的前身可以追溯到横滨国立大学的安全工程专业，从其变化发展的历程中可以体会当今社会对安全人才的需求方向及层次变化。

（1）安全工程专业的变迁　日本的安全科学教育起步较晚，但发展很快，曾经在全国大学中开设安全工学讲座和科目约50个，与安全科学有关的学科和研究机构近80个。

横滨国立大学于1960年开设安全工程专业，1967年设立了日本最早的安全工程系，设有四个专业方向：反应安全工学、燃烧安全工学、材料安全工学、环境安全工学。对四年制的安全工程专业本科生开设的专业课有防火工程学、防爆工程学、过程安全工程学、劳动卫生工程学、安全管理、人机工程、环境污染防治、机械安全设计工程学、机械安全工程学、非破坏性检测学等。多年来不但培养了很多事故分析、评价与预防、化学物质的安全管理、环境评价等方面的专门人才，而且取得了很多重要的研究成果。

1985年，该专业与应用化学、材料化学、化学工程三个专业合并为横滨国立大学工程系物质工程学专业，到1998年为止，该专业的教学科研涉及物理化学、合成化学、材料化学、化学工艺学、安全工程学、能源工程学、生物工程学7个领域。

1999年4月，这7个教学科研领域又被进一步整合为以下四个大讲座，即功能物理化学大讲座、化学生命工程学大讲座、化学系统工程学大讲座和环境能源—安全工程学大讲座。后者以培养既有基础知识又有社会贡献能力的人才为目标，实施综合的教学和科研，其授课内容包括化学安全工程学、能源安全工程学、材料安全工程学、环境安全工程学、能源机械材料等课程。

比较该校办学初期的课程设置及科研方向可以看出，当前的课程设置和教学研究领域传承和发展了其化工安全、环境安全、材料安全等专业特点，并在原有基础上拓展了危险预知诊断、风险分析学、风险评估和安全性评价、环境污染评价、人因可靠性工程等教学及研究内容。体现出以化工生产过程为依托，以环境、能源、安全为主线，重在培养能胜任环境、材料、项目的安全评价或危险诊断及进行技术改进能力的人才之取向。

除了本科教育以外，该大学还实施工程专业硕士研究生和博士研究生的教育培养。

（2）安全、安心科学研究教育中心的成立背景　2001年开始实施的第二个科学技术五年基本规划中，日本制定了三个基本目标，一是通过知识创新与应用做能对世界有贡献的国家；二是做具有国际竞争力的可持续发展的国家；三是成为可以安心、安全地高质量生活的国家。然而，同年9月份发生在美国的"9·11"事件以来，大规模自然灾害、重大事故、新生和再生传染病、食品安全问题、信息安全问题、恐怖事件及各种犯罪等自然灾害或来自人为威胁的频发却使得人们在日常社会生活中的安心感和安全感日益下降。同时人们意识到，日本本国安全管理技术人才严重不足。

此外，由于来自自然灾害或人为灾害导致的人们安心、安全感的丧失或降低使得对安全问题的研究正向社会生活的各个领域延伸，对安全管理人才的需求变得异常紧迫。为了解决安全管理人才不足的问题，2004年12月，日本文部科学省启动了作为"安心、安全科学技术研究开发推进战略"之一的新兴领域人才培养工程。于是，以文部科学省为主导、以该培养工程名义下设立的巨额科研经费为经济支持、以东京大学和横滨国立大学等重点大学为基地实施的基于"大安全观"的高层次安全管理人才的培养工程在日本引起了广泛关注。

2006年3月，文部科学省又在学术审议会研究计划——评价分科会中新设了安心、安全科学技术委员会。上述动态都表明，培养高层次、高水平的风险管理人才，已成为日本政府发展战略的一项重要内容。

（3）政府斥巨资支撑的"高风险管理技术人才培养项目"的实施　横滨国立大学设立安心、安全科学研究教育中心后，其教育工作包括三大部分。一是对在校硕士研究生及博士研究生进行专业性较强的安心、安全教育;二是通过开办各种讲座对社会人士开展安心、安全科学再教育;三是开展安心、安全科学技术开发。

该校以多年来的实际教学科研成果为基础,以工程系环境能源——安全工程学大讲座和研究生院环境信息分院的环境风险管理专业为主,将有关安心、安全的各种教育研究在全校相关部门和单位开展起来。由于申报的项目均获批准立项,使其成为文部科学省依赖的、从事高级安全人才教育培养的主力,2004—2008年间文部省下拨的专项经费为6.1亿日元。

高风险技术管理人才培养项目的特征是以向社会输出硕士毕业或博士毕业的高级安全工程师、高级风险管理专家为目标,面向全校有志于从事安全事业的、已完成所在研究生院规定科目和学分学习的硕士研究生和博士研究生实施教学和科研,强调人文、社会科学与自然科学、工学的结合。为此,在实施该项目的同时,该中心已将人文社会科学系与自然科学系整合在一起,形成了以"安心、安全的科学"领域为中心的重要的教学科研基地。

2006年的高风险管理技术人才培养课程项目的相关授课科目[24](其中包括推荐科目和必修科目)有安心、安全文化教育论,教育现场咨询讲座(学校现场心理学讲座),学校心理学讲座,环境法,社会保障法,人类科学特论,经营组织特论,商务设计,经营信息特论,企业与社会特论,生产系统特论,风险管理的技术者伦理,产业与安全,风险管理与社会技术,实践性灾害风险评价论,风险管理的人为因素,安心感的心理、社会基础,灾害风险管理的概率统计论,都市风险解析的空间信息科学,结构材料的风险,能量转换材料,防灾体系论,都市居民环境论,改革与环境管理,改革与社会共识的形成,环境风险管理的国际社会制度,生态风险管理理论,环境风险的社会规范事例研究,化学物质的环境动态与风险类型,化学物质的有害性、危险性信息及社会共享,化学物质的安全管理,区域社会与化学灾害风险论。

3. "安心、安全科学研究教育中心"成立的意义

第一,该中心的成立带来了对"安全"、"安心"、"风险"等概念及其相互关系的讨论,有利于推动安全科学理论的发展。

以"安心"和"安全"两个词的同时使用来命名机构,这种做法并不多见,却很耐人寻味,也使人感到日本的安全科学研究正上升到一个新的层次,这与日

---

[24] 横滨国立大学安心、安全科学教育中心网页. http://www.riskunit.you.ac.jp/。

本的企业安全管理重点转向人的精神健康管理、转向为员工营造舒适的工作环境等目标是相吻合的。

显然，"安心"与"安全"不是可以相互等同或替换的概念，安全是指"免除了不可接受的损害风险的状态"（GB/T 28001）；而安心则是处于某种状态或环境中的人的心理感觉或情绪。但是，这两个概念间又存在着十分密切的联系。例如，安全的管理对象是"风险"，而狭义的风险是指损害的"不确定性"，当是否会遭受损害是不确定的时，就使人难以"安心"。因此，从某种程度上讲，安心是以安全为条件的。另外，"安心"是以对对象物的信息把握以及对这些信息的信赖感为基础的。

第二，促进了安全文化和安全知识在大学生特别是硕士、博士生间的传播，这不仅有利于提升安全专门人才的培养层次，而且会对提高全民的安全素质带来不可估量的影响。

第三，横滨国立大学安全工程专业的发展和该中心的成立，可以促进安全学科建设的进一步发展。尽管该专业一直是培养安全技术工程人才的摇篮，但以往细致划分学科专业的做法已经被频繁的学科专业整合所替代，使得各个工科专业的区分越来越模糊、联系越来越密切，学校越来越重视培养具有综合能力的、社会急需的安全工程技术人才。

从"安全、安心科学技术委员会"，"安全、安心科学研究教育中心"和高风险管理技术人才培养项目等称谓上，可以看出安全科学在世界范围内的发展方向，职业安全健康领域里的研究开发及教育培训也借此东风得以推进。

 **作者小议**

我国从1992年起就开始了对安全文化的探索和研究，也取得了一些非常宝贵的成果，先是核工业及中国劳动保护科学技术学会的一些专家开始引进和研究国外有关安全文化的资料，在1995年和1997年，由中国劳动保护科学技术学会和一些单位共同发起，分别召开了"全国安全文化高级研讨会"和"中国安全文化推进计划专家座谈会"。随后，一批安全文化的专家、学者初露头角，一批安全文化的论著也相继问世，到20世纪末，终于有一些行业开始深入扎实地开展安全文化建设活动，并初步取得了企业安全文化建设的成功经验。但是，我国安全文化建设的脚步还不够大，安全文化建设的成果尚不突出。由于作业人员的安全意识淡薄导致安全事故频繁发生。究其原因十分复杂，但其中有一条是形成共

识的,那就是迄今为止为安全文化建设所做的努力还都属于一些学术团体的民间学术研究行为,而不是政府行为。在我们这样一个人口众多、文化素质参差不齐、贫富差距逐渐拉大、劳动安全卫生法律尚不健全的国家,依靠政府行为来推进安全文化的建设、改善伤亡事故居高不下的局面不仅是必要的,也是必须的。可喜的是,2008 年,国家安全生产监督管理总局制定颁布了我国第一个安全文化建设方面的行业标准——《企业安全文化建设评价准则》(AQT9005—2008),它标志着我国安全文化建设的一个新里程的到来。

由于我国一批安全专家的积极探索,目前在安全文化的理论研究方面已经取得了许多宝贵的成果,有的已经超出了日本的现有理论研究水平。我们下一步应该努力去实践这些成果,用这些理论去指导安全文化建设的具体实践。

在安全人才培养方面,我国近些年来也开始了基于"大安全观"的高级安全人才培养实践。"公共安全"作为"安全科学技术"的二级学科,已经被正式列入 2009 年版的《学科分类与代码》(GB/T 13745—2009)。抓好安全人才队伍建设,实施"人才兴安"战略是事关"安全发展"的目标能否实现的关键性环节,是一项复杂的系统工程。只要真正将其置于政府发展规划的战略高度,按照"分类管理"的原则,推动安全人才培养的协调发展,定会不断推动全国安全生产局面的稳定好转。

第四节　企业劳动安全卫生教育体系

日本的劳动安全卫生教育体系是由国家教育(包括学校教育)、企业教育和相关团体教育三个部分所组成的,它在提高国民整体安全素质,特别是职工安全素质、促进企业安全化生产、实现国家多年来较低的工伤事故率等方面都发挥着重要作用。本节仅围绕其中的企业安全教育部分加以介绍和分析。因为尽管中日两国都将安全教育与培训作为企业安全管理的重中之重,但相比较而言,日本的系统性企业安全教育体系的规划、参与型安全教育理念的树立、生涯化安全教育内容的设计、具体详尽的教育实施规定等都有独到之处,值得我们关注和借鉴。

日本不仅对不同行业种类及规模的企业配备安全卫生管理人员的类型及数量等有明确的法律规定(见表 2—1),对专业管理人员的职责及任职条件或资格有严格的规定,而且对他们的安全再教育也有明确的法律规定。可以说日本企业安全教育体系是一个包含随入厂自然年限展开的教育类别要求、随职务升迁展开的教育类别要求、随工种或工作岗位变动展开的教育类别要求等在内的有机整体。

一、企业劳动安全卫生教育体系

1. 教育体系框架

日本厚生劳动省制定的《安全卫生教育推进纲要》中归纳的企业劳动安全卫生教育体系见表2—6，它包含针对各类作业人员、各种管理监督者、企业经营领导、劳动安全卫生专家、生产技术管理及技术设计人员、出国劳务者和即将就业的职高毕业生等特殊人群的6个安全教育子模块，涉及被雇用时的安全教育、作业变更时的安全教育、以特种作业人员的安全教育为代表的特殊教育、高龄时的安全教育、健康教育、管理监督者就任时的安全再教育和定期安全再教育、技术人员选任时的安全教育及随时安全教育、季节工的派出安全教育及被雇用时的安全教育、海外劳务工派遣前的安全教育、将被录用的职高生毕业前的安全教育等多种教育类别。以下以特种作业人员安全教育制度、"劳动卫生管理者"初任时的安全教育及安全再教育、"安全管理者"再教育和师资教育培训为例展开说明。

2. 对特种作业人员的安全教育培训

表2—6　　　　　　　日本的企业劳动安全卫生教育体系[25]

	教育对象	从业资格	从业时的教育	从业中的教育
作业人员	从事一般作业的人员		雇用时的教育	作业变更时的教育；高龄时的教育
	从事危险有害作业的人员 ①从事有就业限制工作的人员	执照考试、技能讲习		从事危险有害作业者的教育（定期或限时）；高龄时的教育
	②从事有必要进行特殊教育的危险有害作业的人员		特别教育	从事危险有害作业者的教育（定期或随时）；高龄时的教育
	③从事其他危险有害作业的人员		参照特别教育	从事危险有害作业者的教育（定期或随时）；高龄时的教育
	从事一般作业的人员及从事危险有害作业的人员		健康教育	健康教育

---

[25]　译自日本厚生劳动省劳动基准局《安全卫生教育推进纲要》（基发第148号，1984年3月26日发布，基发第179号，2002年3月26日最新修订）。

续表

	教育对象	从业资格	从业时的教育	从业中的教育
管理监督者	安全管理者	研修		
	劳动卫生管理者	执照考试等	上任时再教育	
	安全卫生推进者	实际经验、培训讲习	上任时再教育	
	劳动卫生推进者	实际经验、培训讲习	上任时再教育	
	建设业业主方安全卫生管理者	实际经验		继续教育（定期或随时）
	救援技术管理者	研修		继续教育（定期或随时）
	参与计划制定者	实际经验、研修		继续教育（定期或随时）
	作业主任	执照考试、技能培训		继续教育（定期或随时）
	工长等		工长教育等	参照继续教育（定期或随时）
	作业指挥者		提名时教育	参照继续教育（定期或随时）
经营领导	企业家			
	劳动安全卫生总管		安全卫生研究班课程	安全卫生研究班课程
	劳动安全总责任人			
	劳动卫生总责任人			
劳动安全卫生专家	产业医生	医师		
	劳动安全顾问	执照考试、注册		
	劳动卫生顾问	执照考试、注册		
	作业环境测定士	考试、讲习、注册		
	安全管理士	实际经验等		
	劳动卫生士	实际经验等	业务进修	业务进修

续表

教育对象		从业资格	从业时的教育	从业中的教育
	健康护理担当者	研修		
	健康护理指导者	研修		
	心理咨询担当者	研修		
	产业营养指导担当者	研修		
	产业保健指导担当者	研修		
技术人员等	从事特定的自主检验人员	实际经验、研修	参照再教育（定期或随时）	参照再教育（定期或随时）
	从事定期自主检验人员		选任时教育	
	生产技术管理人员		技术人员教育（随时）	技术人员教育（随时）
	技术设计人员		技术人员教育（随时）	
其他人员	季节劳动者		送出地教育、雇用时教育	
	海外派遣劳动者		派遣前教育	
	即将就业的职高毕业生		毕业前教育	

针对从事危险有害工种作业人员的安全教育与训练是日本安全教育体系中的重中之重，是法定的职业安全教育项目之一。从事危险有害工种作业的人员被分为三类：

第一类是从事有就业限制的作业人员，相当于我国的特种作业人员，如锅炉焊接工、锅炉维修工、5吨以上起重机的司机、从事有机溶剂处理的人员等16类作业人员（《劳动安全卫生法》第61条）。他们必须通过技能培训及国家资格考试，且在地方劳动局备案后才能上岗。针对特种作业人员的继续安全教育与训练分定期和不定期两种。定期教育与训练大约每五年一次。不定期教育与训练可根据新引进的设备或发生的新情况等随时进行。教育训练的内容主要包括与业务相关的工伤事故动向、技术革新的新成果等。

第二类是从事有接受特殊教育必要的危险有害工种作业人员，即准特种作业人员，如高压仓内作业者、利用α射线装置或γ射线照射装置进行透视业务者、利用电焊机进行金属焊接或切割作业者、建筑业用电梯司机等36类作业人员。他们必须接受特殊安全教育之后才能上岗。针对该部分作业人员的继续安全教育与训练的基本做法是：除了在其最初上岗时要进行特殊教育外，之后每五年要进行一次定期教育；当设备等条件发生新的变化时要随时实施安全教育。

第三类是从事其他危险有害工种作业人员。对这部分人员的教育是参照第二类作业人员的教育要求实施的。

3. 对劳动卫生管理者的安全教育

劳动卫生管理是以作业环境管理、作业时间及作业方法管理和健康管理三大基本内容为中心展开的，劳动卫生管理者对企业安全卫生管理的作用至关重要。为了使劳动卫生管理者不断提高管理水平、增进管理成效，《从事事故预防工作者的安全再教育准则》发布了有针对性的两个教学计划（见表2—7和表2—8）。因此，劳动卫生管理者的安全再教育除了按一般规定执行外，还应参照这两个教学计划实施。

表2—7　　劳动卫生管理者再教育教学计划（上任教育用）[26]

科目	内容范围	课时
1. 加强劳动卫生管理的方法	(1) 劳动卫生管理者在劳动卫生管理体系中的作用 (2) 危险性和有害性辨识及对策 (3) 为提高劳动安全卫生水平，企业领导应经历的过程和采取的方法 (4) 现场巡查 (5) 健康损害发生原因的调查 (6) 与产业医生及劳动安全卫生管理者等的协作 (7) 法定报告书等的编制 (8) 劳动卫生统计等劳动卫生相关基础资料的编制及应用	4.5 (2.5)※
2. 作业环境管理	(1) 作业环境检测及评价 (2) 通风装置等劳动卫生设施的检查 (3) 一般作业环境的检查	1.0 (0.5)
3. 作业管理	(1) 作业标准的应用 (2) 劳动卫生防护用品的正确使用及保养	1.0 (0.5)

---

[26] 劳动基准局公示．从事劳动灾害预防的人员的安全再教育指南，附表15（1989年5月22日公示第1号，2006年3月31日最新修改 公示第5号）。

续表

科目	内容范围	课时
4. 健康管理	(1) 对应接受健康检查及健康面授指导的人员的把握、实施结果记录与保存、根据实施结果采取的事后措施等 (2) 精神健康危害对策 (3) 保持和增进健康的方法 (4) 急救处理	2.5 (2.0)
5. 劳动卫生教育	教育方法	1.0 (1.0)
6. 事故案例及相关法律法规	(1) 健康损害发生的事例及其防范对策 (2) 劳动卫生法律法规	2.0 (1.0)
合计		12.0 (7.5)

※：括号中为删除了部分有害性分析内容的、针对第二种卫生管理者实施的再教育课时数。

表 2—8　劳动卫生管理者再教育教学计划（定期或随时教育用）[㉗]

科目	内容范围	课时
1. 劳动卫生管理的功能及结构	(1) 关于企业活动中的劳动卫生管理 (2) 劳动卫生管理中、长期计划的制定及实施 (3) 劳动卫生管理规定的制定及执行 (4) 为提高劳动安全卫生水平，企业领导应经历的过程和采取的方法（包括危险性和有害性辨识及对策的内容） (5) 健康损害发生原因的分析及分析结果的利用 (6) 作业现场巡查计划的制定及问题处理 (7) 劳动卫生信息资料的收集及利用	2.5 (1.5) ※
2. 作业环境管理	(1) 作业环境检测结果的评价及以其为根据的环境改善 (2) 劳动卫生关联设施的定期自主检查及维修 (3) 一般作业环境的改善	1.0 (0.5)
3. 作业管理	(1) 作业分析的评价 (2) 作业标准的评价 (3) 劳动卫生防护用品的选用	1.0 (0.5)
4. 健康管理	(1) 有害因素与健康损害 (2) 健康危机调查及防疫学调查等 (3) 实施健康检查、健康面授指导以及此后应采取措施等计划的制定 (4) 精神健康危害的对策 (5) 保持和增进健康的对策	2.5 (1.5)

[㉗] 劳动基准局公示．从事劳动灾害预防的人员的安全再教育指南，附表16（1989年5月22日公示第1号，2006年3月31日最新修改 公示第5号）．

第二章 日本劳动安全管理体制研究

续表

科目	内容范围	课时
5. 劳动卫生教育	教育计划的制定	1.0 (0.5)
6. 实务研究	（1）各种劳动卫生管理规定的制定 （2）作业标准的制定 （3）劳动卫生管理计划的制定	2.0 (1.0)
7. 事故案例及相关法律法规	（1）健康损害发生的事例及其防范对策 （2）劳动卫生相关法律法规	2.0 (1.0)
合计		13.0 (7.0)

※：括号中为删除了部分有害性分析内容的、针对第二种卫生管理者实施的再教育课时数。

4. 对安全管理者的安全再教育

对安全管理者的安全再教育的基本要求见表2—9。

表2—9　　安全管理者再教育教学计划（定期或随时教育时用）[28]

科目	内容范围	课时
1. 近期安全管理上的问题及对策	（1）工伤事故近况 （2）伴随着技术进步出现的新问题及其对策 （3）伴随着就业形态的变化出现的新问题及其对策	1.5
2. 最新安全管理方法知识	（1）危险性和有害性辨识及其对策 （2）教育及指导方法 （3）其他最新安全管理手段	3.0
3. 事故案例及相关法律法规	（1）事故案例及其防范措施 （2）劳动安全卫生法律法规	2.5
合计		7.0

5. 针对教师的培训制度

厚生劳动省从专业知识、教学知识及经验、资质等几个方面对安全卫生教育

---

[28] 劳动基准局公示．从事劳动灾害预防的人员的安全再教育指南，附表1（1989年5月22日公示第1号，2006年3月31日最新修改 公示第5号）。

工作者特别是劳动安全（卫生）管理者教育培训的担任者提出了上岗要求。首先，这些人员如果没有注册劳动安全顾问资质，就必须先按表2—10中的教学计划参加系统的教师培训，然后再按授课科目不同分别明确教师的任教条件。如担任安全管理、安全教育和相关法律法规课程的教师，必须是接受过上述教师培训的人员，或是注册劳动安全顾问，或是根据《防止劳动灾害团体法》第12条被任命的安全管理士[29]；而担任危险性和有害性因素辨识及对策课程的教师，必须是接受过上述教师培训的人员，或是参加过厚生劳动省指定的（制造业等）危险评价培训和职业安全卫生管理体系培训的人员。

表2—10　　　　　　　　教师培训教学计划[30]

科目	范围	时间（分） 讲授	时间（分） 实习
安全管理者的职责与课题	企业经营与安全 安全管理者的作用、职责及存在的问题 综合性安全卫生管理 安全活动 事故原因调查及防范对策	30 80 40 20 80	 180 80
危险性有害性辨识及对策	危险性或有害性辨识及其对策 职业安全健康管理体系	180 120	120 120
从事安全管理者教育的方法	指导及教学方法 作业标准的制定及发布	90 90	
相关法律法规	有关劳动安全的法律法规（包括劳动者派遣法在内）	270	
教育技法实习	教案的制定 个人发言 集体讨论		130 10/次 20

二、劳动安全卫生的宣传教育手段

中央劳动灾害防止协会及其下属各地区协会或行业灾害防止协会、专业安全

---

[29]　安全管理士不同于安全管理者，他们是按《防止劳动灾害团体法》的规定产生、主要承担与事故预防有关的技术性工作。同样，劳动卫生管理士也不同于劳动卫生管理者。

[30]　"关于劳动安全卫生规则第5条第1款'厚生劳动大臣规定的培训'之事项"（基发第0224004号）。

卫生团体或一些民间机构在劳动安全卫生专业人员的教育以及面向全体劳动者和全社会安全的宣传教育方面发挥着积极且重要的作用。

以中央劳动灾害防止协会的业务内容及活动方式为例，其日常性的劳动安全卫生宣传教育手段主要有以下几种：

第一，充分发挥各地产业安全技术馆、安全卫生教育中心的作用。举办定期或不定期讲座、讲演、学术研讨会、科研成果发表会、安全卫生管理者交流会、事故案例讨论会等。

第二，举办技能讲习。

第三，举办各种类型的培训辅导或研修。除采用授课方式以外，还更多地通过案例教学、专题讨论等多种形式进行。

第四，组织参观。

第五，开展全国安全周、全国劳动卫生周活动。

第六，开展零事故运动。

第七，录像教育。通过中央灾害防止协会安全卫生情报中心开设的免费安全教育录像系统，任何人都可以在网上自由观看由安全卫生映像研究所制作的劳动安全卫生教育录像短片。

第八，产业安全会馆、安全技术教育中心、劳动安全卫生情报中心等设施常年免费向公众开放，通过实物或图片展览、3D立体影像放映、模拟体验（virtual reality）、图书资料等多种形式开展既面向专业人员，又面向全社会的产业安全教育。

第九，出版普及劳动安全卫生知识的书籍和面向专业人员的培训教材、考试用书等。

第十，充分发挥计算机安全卫生信息系统的作用，让使用者能及时获取事故速报、工伤死亡事故分析、法令修订、培训讲座信息、调查研究成果等大量劳动安全卫生方面的信息。

……

三、劳动安全卫生教育体系的特点

1. 立法保证在先

日本之所以能使生产安全事故和伤亡人数不断减少，成为世界上安全生产成本最低的国家之一，其主要经验在于注重依法治理社会，每一项社会、经济制度的出台，均有严格的法律依据和程序开路，确保一系列安全对策和措施得以实施，并在实践过程中不断修订和完善相关法律法规。同样，在企业安全卫生教育方面也表现出了立法在先，相关的配套立法比较齐全，适应新形势、新条件对安全教育的要求所做的法律法规修订比较及时等特点。有关劳动安全卫生教育的法律依据主要包括《劳动安全卫生法》《劳动安全卫生规则》《安全卫生教育推进纲要》《对从事事故预防工作者的再教育准则》和《对从事危险有害岗位作业人员的安全卫生教育准则》等。它们构成了针对企业安全卫生教育的教育对象、教育内容、教育时间、教育方法、教学资料和师资等的完整规定，使企业安全卫生教育在细微之处都有法可依。

值得留意的是，为了适应安全管理的不断发展及其对企业安全教育带来的新要求，这些法律法规在施行过程中被频繁地修订完善。如《安全卫生教育推进纲要》从1984年3月制定颁布之后，又于1985年、1990年、1991年、1993年、1995年和2002年进行过数次修订。

2. 强化监督管理、发动中介参与并给予指导和支援

日本规定对企业安全教育的实施可以由企业或企业委托的安全卫生中介团体来进行，为此，政府安全监督管理部门通过资格认可制度，确定可被企业委托的中介机构，允许中介机构开展安全宣传、培训教育、特种设备检测检验和信息服务工作，并向其提供包括一定经费资助在内的支援和指导。特别是在安全教育中介管理监督方面，政府对课程的设置、教学大纲、教育资料和教育师资等都有明确的规定。中央劳动灾害防止协会（JISHA）就是最有代表性的民间中介组织，该协会下设的东京安全卫生教育中心和大阪安全卫生教育中心是厚生劳动省认可的最主要的安全教育培训机构。中介机构主要负责对在安全卫生方面发挥重要作用的生产现场管理人员或劳动安全卫生顾问实施再教育。

3. 把劳动安全卫生教育作为职工的生涯教育内容

表2—6中的企业劳动安全卫生教育体系是第一个将安全教育作为职工生涯教育内容加以定位的指导性规章，是对职工就业前后、升职前后等不同阶段的安全要求特点加以分析后的产物，力图将安全教育贯穿于职工工作生涯的各个关键阶段。如根据职工年龄和进厂年限的自然增长，规定必须开展就业前在校时的安全教育（针对有录用安排的职高生）、就业时的安全教育、就业中的安全教育和高龄时的（一般指45岁以上）安全教育；针对有升迁变化的人员，规定其要接受必须的初任时的安全再教育和在任期间定期的安全再教育等。

由此可知，一个从事过特种作业、担任过工长和安全卫生推进者职务的人，从入厂到退休所接受的安全教育履历应为：接受入厂教育→接受特种作业人员教育并取得特种作业操作证→5年后接受定期的特种作业人员教育培训→接受针对工长的安全教育、担任工长→5年后接受再教育→接受初任时的安全再教育、就任安全卫生推进者→5年后接受定期的安全卫生推进者再教育→接受高龄者安全教育。[31]

从入厂前的在校安全教育开始，到被纳入高龄者安全教育对象直至退休为止，从普通职工晋升为管理层领导的全过程，职工在企业中不同阶段都有与之相对应安全教育项目。可以说，这种针对员工工作生涯的安全教育设计，是日本企业安全卫生管理体系的最大特色。

4. 将法定安全教育类别与非法定安全教育类别一体化

表2—6所示的企业劳动安全卫生教育体系，既包括法定的、必须实施的安全教育要求，也包括非法定的安全教育类别。法定的安全教育包括雇用时的安全教育、特种作业人员等特殊安全教育、作业变更时的安全教育、工长安全教育、劳动安全（劳动卫生）管理者安全再教育等。非法定的安全教育类别包括劳动安全（卫生）顾问的自律性安全研修、对就业前高职毕业生的安全教育等。

5. 劳动安全管理者教育与劳动卫生管理者教育分别进行

日本对于劳动安全和劳动卫生两个专业分支的区分主要有以下几个方面：一是在一定规模的企业中，要设立相互独立的劳动安全管理者岗位和劳动卫生管理者岗位；二是劳动安全卫生顾问是按照不同的专业领域分别设立的，即劳动安全顾问与劳动卫生顾问是相互独立、互无关联的两个国家资质；三是对劳动卫生管理者任职资格及条件的规定要比劳动安全管理者的资格和条件规定更加严格，即除了都要满足相应的理工科学历要求以外，劳动卫生管理者还需要通过国家资格考试，而劳动安全管理者在满足了任职年限后只需经过厚生劳动省规定的培训即可上岗。

6. 教育对象覆盖范围广，重点突出

如前所述，日本的企业劳动安全卫生教育体系的对象包括作业人员、监督管

---

[31] 大関親．新てぃ時代の安全管理のすべて（新时代安全管理大全）．東京：中災防，2002：165．

理人员、企业经营领导、劳动安全卫生专家、技术人员和特殊人群（季节劳动者、海外派遣者、就业前的职高学生等），涵盖了企业中的所有人群。教育对象的重点除了特种作业人员以外，还有企业首脑和生产技术人员。

7. 重视针对事故管理瓶颈设计教育要求

高龄劳动者的工伤事故在事故中所占比例较高，中小企业工伤事故多发，这是日本安全生产管理中不得不面对的两个突出问题。因此，从企业安全教育环节的设计和安全教育的实施上就针对这种特殊安全教育作出了必要的安排。如针对高龄职工，法律要求必须由企业实施高龄者安全教育；针对安全管理能力相对比较薄弱的中小企业，政府建议在实施安全教育过程中，充分利用注册劳动安全顾问或劳动卫生顾问资源。实际上，日本建立注册劳动安全（卫生）顾问制度的初衷就是为了解决中小企业安全管理能力不足的问题。从日本现行的法规制度中都能发现有关促进中小企业安全活动对策、指导高龄劳动者安全作业和中小企业安全生产的内容。另外，日本政府还通过中央劳动灾害防止协会等中介机构大力开展安全卫生诊断事业，为中小企业防止劳动灾害实施具体的技术指导与服务，促进安全生产与经济的协调发展。

8. 细化了安全教育或安全再教育规定

以日本厚生劳动省颁布的《从事事故预防工作者的安全再教育准则》为例，从准则的附表中的教学计划分类可知，安全再教育按教育对象分为劳动安全管理者再教育、劳动卫生管理者再教育、焊接作业主任再教育、有机溶剂作业主任再教育等八种类型；按照再教育的实施时间分，有上任时的教育、定期教育和随时教育三种类型。该准则附表中列出的针对不同对象在不同阶段进行的再教育的教学计划表共有20个。该准则中不仅对安全再教育的种类及内容、实施主体、实施时间、教学方式及师资条件等从横向事项上作出了具体规定，而且针对每一个事项的纵向规定也细致明确。

9. 及时调整安全教育焦点，强调企业安全再教育的必要性与实用性

日本开展的企业劳动安全卫生再教育包括两种：一是定期实施的以提高能力、改善成效为目的的安全再教育，一般5年一次；二是随时实施的安全再教育。后者又包括有实施再教育必要的时候开展的随时教育和发生严重工伤事故后实施的安全再教育。不难理解，尽管日本安全教育体系对开展定期安全再教育的年数间隔规定比较长，但由于重视根据安全生产管理实际需要开展随时的安全教育,且强调这种教育不能走过场凑数量,而是要有了需要再实施。所以企业安全教育才能发挥应有的作用。

例如,当前日本的企业安全卫生教育策略主要是针对以下几个重点问题制定的:

第一,中小企业的安全卫生教育实施问题。鉴于中小企业缺少师资和教材,自己开展安全教育有一定困难,因而应考虑在母公司的指导及援助下,灵活利用安全卫生团体的力量促进安全教育的实施。此外,还应考虑有效利用政府为援助中小企业而实施的共同改善安全卫生计划及再教育实施促进计划。

第二,第三产业的安全卫生教育实施问题。第三产业中就业形态的多样化比较突出,其安全卫生管理体制不如第二产业那样完善,而临时工、派遣劳务工数量却在不断增加。为此,应在强化和充实员工入厂安全教育的同时,促进经营首脑和安全管理者的安全教育。

第三,高龄职工的安全教育实施问题。除了对高龄劳动者的机械设备、改善作业场所环境和进行合理配置外,让高龄劳动者树立安全卫生意识也是很重要的。因此,一方面,在进行经营首脑或安全监督者等再教育时,在实施机械设备设计人员和制造人员的安全再教育时,都有包含针对高龄劳动者身心特点的安全管理内容;另一方面,鉴于年龄增长会降低人的身体机能之特性,对达到一定年龄的员工要开展适应身体机能变化的作业方法等内容的安全教育。

第四,多样化就业形式(季节工、临时工、派遣劳务工等)下的劳动安全卫生教育实施问题。除了原有的季节工,日本出现了临时工和劳务工等多种就业形式。对他们进行全面的入厂安全教育是至关重要的。另外,随着经济全球化,国外派遣劳务工急剧增加。为了确保他们在国外的安全与健康,派遣企业必须针对他们所赴国家的工作及生活环境的情况进行相应的安全卫生教育。

 **作者小议**

我国的企业安全卫生教育早在20世纪50年代就形成了自己的特色,无论在构建纵向到底、横向到边的教育网络体系上,还是在教育内容、教育方式、教育手段的完善更新上都已经取得了许多宝贵的经验,"三级教育"、"特种作业人员教育"、"四新安全教育"等在促进安全生产、提高职工安全素质方面发挥了重要作用。然而,一个不可否认的现实是,每当重大或特大生产安全事故发生后,人们总会被告知:事故原因之一在于员工安全意识淡薄、缺少安全教育培训。这意

味着我国的企业安全教育在不同地区、不同行业、不同企业、不同人群中的开展情况极不平衡，甚至在大量招用农民工的一些行业及企业，安全教育的死角仍大量存在。为此，我们可从与日本劳动安全卫生教育体系的比较中发现某些可以研究或借鉴的做法。如，更加明确地强调国家在劳动安全卫生教育投入上的法定责任，制定更多岗位的从业资格制要求，加强对法定安全教育的实施情况的监督检查并落实相应的处罚，从生涯教育的角度设计企业安全教育体系，将一定年龄以上的劳动者视为高龄劳动者并对其安全再教育的实施给予特殊规定、将技校或职高生乃至相关专业大学生的毕业前安全教育纳入企业安全教育体系等。

总之，中日两国的企业安全教育制度既有许多共性，也各有特点，体现了各自经济发展水平和技术发展水平以及管理水平的现状。我们有必要在坚持我国企业安全教育的成功做法的同时，注意研究发现他国的做法对我们的借鉴意义，以使我国的企业安全教育体系更加科学、合理和有效。

第五节 注册劳动安全卫生顾问制度

从《劳动安全卫生法》第九章的相关规定中不难看出，日本的劳动安全卫生顾问制度是为了促进企业（特别是中小企业）安全管理改进计划的落实、不断提高企业安全生产水平而建立的。从 1974 年实施第一次国家级资格考试开始到 2008 年 6 月，累计注册的劳动安全顾问及劳动卫生顾问已有 7 850 余人。虽然从规模上讲日本的注册劳动安全卫生顾问队伍根本无法与我国注册安全工程师队伍相比较，但鉴于该制度与我国的注册安全工程师制度之间存在的部分相似性，有必要对该制度进行研究和分析，因为已有 30 多年历史的日本注册劳动安全卫生顾问制度在立法及制度建设、考试管理、注册管理、组织管理，特别是促进中小企业提升劳动安全卫生管理水平等方面，早已形成了较为成熟的经验，并发挥重要的作用。

一、劳动安全卫生顾问的概念及分类

所谓劳动安全卫生顾问，实际上是劳动安全顾问（Industrial Safety Consultant）和劳动卫生顾问（Industrial Health Consultant）这两种专业资质的统称，是日本 1972 年制定《劳动安全卫生法》时同时设立、由日本厚生劳动省分别认证的两类国家级资质。该法第 81 条中对劳动安全顾问和劳动卫生顾问的概念作

第二章 日本劳动安全管理体制研究

了明确界定：

劳动安全顾问是以确保劳动者的安全为目的，以劳动安全顾问的名义为委托方提供有偿服务，对委托方进行劳动安全诊断以及对诊断后的改进进行指导的人员。根据不同的专业技术特长，他们又被细分为机械安全顾问、电气安全顾问、化工安全顾问、土木安全顾问和建筑安全顾问。

劳动卫生顾问是以保护劳动者的健康为目的、以劳动卫生顾问的名义为委托方提供有偿服务，对委托方进行劳动卫生诊断以及对诊断后的改进进行指导的人员。根据不同的专业技术特长有卫生保健顾问和劳动卫生工程顾问之分。

显然，劳动安全（卫生）顾问和一般劳动安全（卫生）专业技术管理人员的身份是不能混淆的。这些顾问是以外部劳动安全卫生技术专家的身份为委托方提供有偿服务的，而一般的劳动安全或劳动卫生管理人员则是作为企业内部的雇员，行使所在岗位的业务职责。前者的职能主要是进行劳动安全卫生现状诊断和提出改进方案建议，后者的主要职责则是从事本单位作业现场劳动安全卫生状况的日常巡视检查、安全教育、安全装置及防护器具等安全装置和设备的定期检查、维护等具体事务，是劳动安全（卫生）顾问提出的改进对策方案的执行者。即使劳动安全（卫生）顾问可以受雇于委托方担任企业的劳动安全管理者或劳动卫生管理者，但其身份仍是提供有偿服务的技术专家，而不是该企业的雇员。

二、劳动安全卫生顾问制度的建立

日本的劳动安全卫生顾问制度建立于 20 世纪 70 年代初，是与当时劳动安全卫生管理的发展状况紧密相关的。该制度建立的原因可以概括为以下三个方面：第一，工伤事故和职业病情况严重，特别是连续发生的多起重大灾害和事故引起了日本社会的严重不安和广泛关注。第二，西方安全管理理论已被迅速引入，实行科学的安全管理的氛围已经形成，日本当时正开始将劳动安全卫生管理引向系统安全管理发展的轨道，对劳动安全卫生方面的专门人才及其作用发挥的需求越显迫切。第三，鉴于《劳动基准法》中欠缺有关工伤事故预防等方面的内容，已经难以适应安全管理的新形势、新问题，将其中有关劳动安全和劳动卫生的部分独立出来制定一部《劳动安全卫生法》已成定局。为了在立法之初就明确企业（特别是中小企业）要开展自发性的劳动安全卫生管理，特别设立了改善劳动安全卫生的计划一章。

也就是说，日本劳动安全卫生顾问制度的建立是以政府的这种要求为背景的，即日本政府一方面倡导开展积极、自主的劳动安全卫生管理，一方面同时建立了有助于实现这种管理的劳动安全卫生顾问制度。其目的是使那些有积极、主动地提高安全生产管理水平的愿望，但却缺乏实施能力的企业（特别是中小企业）能够利用劳动安全卫生顾问制度达到相应的目的。对劳动安全卫生顾问的定义、职能、考试及资格取得等各方面所作的专门规定被安排在《劳动安全卫生法》第九章"劳动安全卫生改善计划"中，是很耐人寻味的。

三、注册劳动安全卫生顾问制度的主要内容

1. 劳动安全卫生顾问的主要职能

劳动安全顾问的职能是以确保劳动者的安全为目的、以劳动安全顾问的名义为委托方提供有偿服务，对委托方进行劳动安全诊断以及对诊断后的改进进行指导；劳动卫生顾问的职能是以保护劳动者的健康为目的、以劳动卫生顾问的名义为委托方提供有偿服务，对委托方进行劳动卫生诊断以及对诊断后的改进进行指导。[32] 这不仅是日本《劳动安全卫生法》中对劳动安全卫生顾问的定义，而且还是以立法的形式对劳动安全卫生顾问的基本职能所做的明确规定。其基本职能可概括为"诊断＋指导"。

以"诊断＋指导"为核心，日本各地的劳动安全卫生顾问事务所开展的具体业务主要包括：

（1）有关劳动安全及劳动卫生的各种调查、分析、评价及研究。
（2）包括事故预防特定安全诊断在内的作业场所安全及卫生状态的诊断。
（3）制定有关改进作业场所劳动安全、劳动卫生管理的计划。
（4）有关劳动安全卫生问题的全面咨询、建议、指导。
（5）机械、设施的安全性评价及制定改进对策。
（6）产品、加工品的安全性评价及制定改进对策。
（7）作业程序、作业方法的安全性评价及制定改进对策。
（8）作业环境评价及制定改进对策。
（9）职业安全健康管理体系的建立。
（10）制定安全作业标准（程序）。
（11）制定劳动安全卫生管理规定以及其他与劳动安全卫生相关的规定。

---

[32] （日本）《劳动安全卫生法》第九章第81条。

(12) 开展事故调查业务。

(13) 提供劳动安全管理或劳动卫生管理服务。

(14) 劳动安全卫生方面的讲座。

(15) 各种安全教育。主要包括《劳动安全卫生法》规定必须实施的新工人（新调入人员）教育、危险有害岗位的作业人员的特别教育、工长（第一线监督者）教育和管理者教育等。

(16) 对设备引进的法定程序进行指导。

(17) 对劳动安全卫生项目的融资进行指导。

值得关注的是，"事故预防特定安全诊断"就是以厚生劳动省所属的中央劳动灾害防止协会为主导、由劳动安全顾问具体实施的中小企业安全管理支援项目。

2. 劳动安全卫生顾问资质的取得

执业资格是国家对某些承担较大责任，关系国家、社会和公众利益的重要专业岗位实行的一项从业管理制度，在发达国家已实行了近百年，对保证执业人员素质、促进市场经济有序发展具有重要作用。执业资格的确认是由制度来保证的，当前世界大多数发达国家对涉及公众生命和财产安全的执业都制定了严格的注册制度、考试制度和相应的管理制度。

同我国的注册安全工程师一样，欲取得日本劳动安全顾问或劳动卫生顾问资质的专业技术人员必须首先参加相关的国家资格考试——劳动安全顾问考试或劳动卫生顾问考试并取得合格证，然后，完成在厚生劳动省的备案登记，即可获取所申请的专业资质。目前，这两种资质都是终身性资质。

（1）劳动安全顾问及劳动卫生顾问的报考资格

①劳动安全顾问的报考资格　具备下列条件之一者可以申请报考劳动安全顾问考试：

◆大学理工科毕业、具有5年以上的劳动安全实际工作经验者。

◆短期大学、专科学校的理工科毕业生、具有7年以上劳动安全实际工作经验者。

◆理工科课程学习完毕的高中毕业生、具有10年以上劳动安全实际工作经验者。

◆技师考试合格者。

◆第一种电气主任技术员（从事与17万伏以上企业用电设备相关业务的电气工程师）。

◆一级建筑师考试合格者。

◆一级土木施工管理技师及一级建筑施工管理技师。

◆担任安全管理工作10年以上的人员。

◆接受了厚生劳动大臣规定的安全培训、具有15年以上的劳动安全工作经验者。

◆厚生劳动大臣认可的其他人员。

②劳动卫生顾问的报考资格　具备下列条件之一者可以申请报考劳动卫生顾问考试：

◆大学理工科毕业、具有5年以上的劳动卫生实际工作经验者。

◆短期大学、专科学校的理工科毕业生、具有7年以上劳动卫生实际工作经验者。

◆修完理工科课程的高中毕业生、具有10年以上劳动卫生实际工作经验者。

◆医师资格国家考试合格者。

◆牙医资格国家考试合格者。

◆药剂师考试合格者。

◆技师考试合格者。

◆一级建筑师考试合格者。

◆具有10年以上劳动卫生实际工作经验的女保健师。

◆取得了卫生工程学卫生管理者资格、具有3年以上劳动卫生实际工作经验者。

◆厚生劳动大臣认可的其他人员。

(2) 劳动安全卫生顾问资格考试的基本情况　有关劳动安全顾问和劳动卫生顾问考试及注册等规定的法律依据是《劳动安全卫生法》第82条、第84条和《劳动安全顾问及劳动卫生顾问规则》(2009年3月30日最新修订，厚生劳动省令第55号) 的第1～15条。

劳动安全顾问考试和劳动卫生顾问考试是代表劳动安全卫生工作者最高专业水平的考试，每年举行一次，由厚生劳动省委托安全卫生技术考试协会负责实施。考试包括笔试和口试，笔试合格者才能参加口试。笔试时间为每年的10月中旬，口试在次年的1月下旬～2月中旬进行。报考费均为24 700日元。

①劳动安全顾问考试的基本规定　以下是劳动安全顾问考试的笔试科目、试题范围、题型及考试时间规定。

◆一般产业安全 (单项选择题，2个小时)。试题范围包括：安全管理、材料安全、可靠性工程概论、搬运工程概论、人机工程概论、安全性评价、安全心理学概论、安全检修及保养、安全教育、作业分析及作业标准、强度计算、各种安全检查方法、安全装置、防护器具、危险物品管理、防火、事故调查及原因分析、劳动卫生概论、危险及有害因素辨识与对策等。

◆产业安全法律法规（单项选择题，1个小时）。《劳动安全卫生法》及其相关法令中有关产业安全的内容。

◆单科专业安全技术（问答题，2个小时）。报考者根据各自的专业领域在机械安全、电气安全、化工安全、土木安全或建筑安全技术中选择一个科目。

至于口试，则是在一般产业安全和单科专业安全技术范围内出题。如机械安全的报考者，在通过了笔试之后便可参加口试。口试内容范围为一般产业安全和机械安全。

②劳动卫生顾问考试的基本规定　以下是劳动卫生顾问考试的笔试科目、试题范围、题型及考试时间规定。

◆一般产业卫生（单项选择题，2个小时）。试题范围包括：劳动卫生概论、健康管理概论、劳动生理概论、作业环境管理概论、人机工程概论、化学品管理、作业管理概论、劳动卫生防护器具、劳动卫生教育、事故调查及原因分析、安全管理概论、职业安全卫生管理体系的有关内容。

◆产业卫生法律法规（单项选择题，1个小时）。《劳动安全卫生法》《作业环境测定法》（1975年法律第28号）《尘肺法》（1960年法律第30号）以及与其相关的其他法令中劳动卫生方面的内容。

◆健康管理或劳动卫生工程学（问答题，2个小时）。报考者根据各自的专业领域选择其中一个科目。其中，健康管理的试题范围包括：劳动生理学、产业心理学、劳动卫生学、健康诊断及诊断后措施、作业环境管理方法、作业方法的管理、增进健康对策、急救处理、舒适作业环境的形成。劳动卫生工程学的试题范围包括：作业环境管理技术、作业环境有害因素及其影响、舒适作业环境的形成。

参加上述笔试的合格者才有资格参加口试。口试试题的范围按健康管理和劳动卫生工程学两个专项领域分别确定。健康管理领域的口试范围为一般劳动卫生和健康管理；劳动卫生工程学领域的口试范围为一般劳动卫生和劳动卫生工程学的相关内容。

无论是劳动安全顾问的资格考试还是劳动卫生顾问的资格考试，笔试单科成绩在40%以上、三科总成绩达60%以上者为笔试合格者。笔试合格后方可参加口试。口试一般在笔试的三个月后进行。达到口试四级评分基准的前两级者为口试合格者。

除符合《劳动安全顾问及劳动卫生顾问规则》中的规定、持有相应专业技术资格的报考者可免试部分笔试科目外，报考者必须笔试和口试都合格后才有望成为劳动安全顾问或劳动卫生顾问。据查询，这两种考试的合格率大约在20%～30%左右，是被认为难度较大的国家资格考试。如2006年劳动安全顾问考试的合格率为30.2%、劳动卫生顾问考试的合格率为26.8%。[33]

考试合格者将被颁发由厚生劳动大臣签署的合格证书，其准考证号码将通过官方信息公布。

(3) 劳动安全卫生顾问的注册与执业资格　资格考试合格者在厚生劳动省申请备案登记时，必须填写注册申请书，并附上考试合格证复印件后向厚生劳动大臣或大臣指定的注册机构提交。厚生劳动大臣或该注册机构认可后准予注册（包括姓名、出生年月、考试合格专业领域、所在事务所的地址等项目），并发给申请者劳动安全顾问注册证或劳动卫生顾问注册证。至此，申请者才具有作为劳动安全顾问或劳动卫生顾问的执业资格。

依据法律规定，取得执业资格的劳动安全卫生顾问必须将自己的工作记录（包括委托方姓名、委托时间、实施诊断的项目等内容）以及收入账簿从记载日起至少保存3年。

从2001年3月1日起，厚生劳动大臣指定的注册机构——日本劳动安全卫生顾问会（1972年设立）负责承办劳动安全卫生顾问考试合格者的注册业务。

与我国注册安全工程师注册方法不同的是，日本劳动安全卫生顾问考试的合格者从取得考试合格证到办理注册登记之间没有时间规定，一旦考试合格，该成绩将长期有效，随时可以办理顾问注册手续。

3. 劳动安全卫生顾问制度的运行机制

(1) 以服务于中小企业为主要宗旨、由政府呼吁和鼓励中小企业对该制度的运用　日本的安全生产工作中存在的突出问题除了高龄劳动者伤害比例较高以外，就是中小企业事故多、伤亡大，据统计它占全年伤亡事故的80%。为解决高龄劳动者的安全和中小企业的安全生产问题，政府分别制定了高龄劳动者的安全对策和促进中小企业安全活动对策，并取得了较好的效果。针对后者，国家建立了"中小企业诊断师"执业资格制度，厚生劳动省下属的中央灾害防止协会设有中小企业安全卫生促进中心，劳动安全卫生顾问在其中发挥着重要作用。

---

[33] 资格指南 http://www.tuutenkaku.com/naiyou.genba/roudouanzenkonsarutanto.htnl。

《劳动安全卫生法》中包含了"各地方政府劳动基准局的局长要劝说那些有必要采取事故综合预防措施的生产单位或经营者接受劳动安全、劳动卫生顾问的诊断,并听取他们提出的改进对策建议及指导"的内容。按照日本厚生劳动省的解释,所谓"有必要的生产单位",是指那些工伤事故发生后、被指名为安全卫生管理重点指导单位后、从事必须事先提交安全卫生管理作业计划书的作业时、实施机械设备或作业环境整改时、新建工厂或引进新技术时、希望改善安全卫生管理停滞不前局面时、选择安全卫生教育培训师有困难时、制定安全卫生管理规程有困难时、想选择最合适的健康检查机构或作业环境检测机构时、面对其他安全卫生方面的问题无人可以商谈求助时的企业。

(2)以厚生劳动省为主办者的资格考试　关于劳动安全卫生顾问考试制度的实施,日本《劳动安全卫生法》第83条中做出了明确规定。包括该考试由厚生劳动大臣负责实施、厚生劳动大臣可以以颁布省令的形式指定一个专门机构进行具体操作等。目前,安全卫生技术考试协会是代表日本政府实施注册劳动安全卫生顾问资格考试的唯一机构。

(3)由厚生劳动省或其指定机构负责劳动安全卫生顾问的注册　为了保证劳动安全卫生顾问真正能为委托方提供满意的有偿服务,日本通过《劳动安全卫生法》第84条的规定对其市场准入提出了明确要求,实行严格的资格考试、合格注册、事务所执业等环节的管理。通过劳动安全顾问考试或劳动卫生顾问考试的合格者,并取得劳动安全顾问注册证或劳动卫生顾问注册证后才具有作为劳动安全顾问或劳动卫生顾问的执业资格。

2003年起,日本劳动安全卫生顾问协会作为厚生劳动省的指定机构,具体负责注册事宜。

(4)针对中小企业的特殊委派制度　将注册劳动安全卫生顾问作为技术力量委派到问题较多、改进艰难的中小企业中去推动和援助企业(特别是中小企业)实现安全管理的持续改进,这是日本颇有特色的一种做法。

日本的中小企业一般是指资本金在1亿日元以下、从业者人数低于300人的企业。但批发行业的情况较为特殊,其标准为资本金在3 000万日元以下和从业者在100人以内。零售业和服务业的标准为,资本金在1 000万日元以下,从业者在50人以内。全国160多万个企业中,中小企业数约占90%。它们一般没有专业出身的劳动安全卫生技术管理人才,现职管理人员一般也不掌握紧跟现代安全管理形势要求的知识和技能,因而一般很难建立起高效的劳动安全卫生管理体制,成为工伤事故和职业病的多发地也就在所难免了。因此,中小企业成为政府在劳动安全卫生方面的重点扶助对象。其主要手段就是将注册劳动安全卫生顾问委派到企业中去实施"事故预防特定安全诊断"。这是一个由国费负担、以厚生劳动省所属的中央劳动灾害防止协会主导、在发生重大伤亡事故且无力自行制定防范对策的中小企业中或在被指名为特别监控单位的中小企业中进行的安全诊断活动。

在实施援助中小企业安全管理的过程中，劳动安全卫生顾问的主要工作内容包括以下几个方面：

①劳动安全卫生诊断及制定劳动安全卫生改善计划的援助。特别是对没有充分的防范措施而导致重大事故发生、被劳动基准局宣布为"安全生产管理特别监控单位"的企业，帮助他们尽早从被监控名单中除名。

安全卫生服务项目中的安全卫生诊断服务收费标准，为一个项目5万日元，由中央灾害防止协会支付。主要用于：第一，对委托方的安全卫生管理、机械设备的安全、作业环境的改善、作业方法及程序是否符合安全卫生方面的要求等项目实施诊断，指出现状中存在的问题，向委托方提出改进对策建议。第二，制定符合委托单位实际状况的机械设备的检查标准和作业标准，并对委托方执行这些标准进行指导。

②指导企业安全卫生委员会更加有效地运营和开展各种形式的有效的管理活动。

③帮助那些由于缺少技术力量而为建立职业安全健康管理体系为难的企业建立并运行职业安全卫生管理体系。

④帮助企业进行危险辨识和评价。

⑤帮助企业进行环境检测。

（5）自律式的劳动安全卫生顾问素质保证体系　日本注册劳动安全卫生顾问考试的成绩长期有效，顾问资格也是一种终身制资格。对他们没有再教育、复试及复审方面的硬性要求，体现的是一种自主、自律、自我提高的管理模式。但《劳动安全卫生法》中也明确规定了对违反职业道德、违法违纪、败坏声誉者要注销其顾问资格的几种情况。

劳动安全卫生顾问协会在继续教育方面发挥着突出作用。依据日本《劳动安全卫生法》第87条的明确规定，该协会的职能在于以保持顾问品质及促进其业务进步为目的开展对会员的指导和沟通交流。因此，日本注册劳动安全卫生顾问的继续教育是指以这个顾问协会或该协会在全国各地设立的支部（目前为止共有47个支部）为主开展的各种研修活动，其主要形式包括注册时的技能研修会、随时举办的以提高实际技能为目的的技能研修会、安全卫生诊断案例发表会、新理论新方法的学习会等。

《劳动安全卫生法》中未对劳动安全卫生顾问的资格更新进行规定实属国际少见。为了与国际注册劳动安全卫生专家制度接轨,特别是为了适应未来劳动安全卫生专家的国际互认趋势,为了更好地促进和保证专家业务水平的不断提高并增强被信任感,2004年开始,日本劳动安全卫生顾问会自行成立了生涯研修委员会,对顾问的专业继续教育进行了明确要求和规定。2009年4月1日起实施的最新《劳动安全卫生顾问生涯研修指南》中,不仅新增了一项顾问的业务内容(即顾问也要重视人文、社会、科学领域的知识更新,注重培养多方面成熟发展的人才),而且新规定了入会简化程序,并对研修学分表进行了简化。

四、劳动安全卫生顾问制度的主要特点

除了建立劳动安全卫生顾问制度的主要意图在于帮助中小企业实现安全卫生管理的持续改进以外,日本的劳动安全卫生制度还具有以下几个特点。

1. 立法在先

有关劳动安全卫生顾问的立法主要见于《劳动安全卫生法》第九章第2节和《劳动安全顾问及劳动卫生顾问规则》,体现了日本在劳动安全卫生管理方面的最大特点——立法在先,且相关内容的规定较为系统、全面和细致。

2. 定位明确

定位明确包括三个方面的含义。

第一,劳动安全卫生顾问制度的建立目的十分明确,目的就是"改善劳动安全卫生管理水平"。

第二,注册劳动安全卫生顾问制度的服务对象明确。即劳动安全卫生顾问机制是在帮助企业(特别是中小企业)提高安全卫生管理水平的自发性活动中发挥重要的技术支持作用。

第三,注册劳动安全卫生顾问的定位及职能明确。日本将劳动安全卫生顾问的身份明确为经过国家考试、取得了相应资质的技术人员,将其职能定位在向委托方提供以"诊断+指导"为主要内容的有偿服务上。

总之,已有37年历史的日本注册劳动安全卫生顾问制度在促进企业(特别是中小企业)提升劳动安全卫生水平方面发挥着重要作用。可以认为他们是以丰富的安全卫生知识和经验为基础、以改善企业安全卫生计划为重点、应委托单位的要求对其进行诊断和指导,推动企业积极主动开展安全卫生活动为目的而存在的。

 **作者小议**

由于在提高企业的安全生产管理水平、保障劳动者的安全及健康这个最终目的上的一致性、业务职责内容上的相似性或重合性，以及获得执业资格的过程要求等相同点的存在，有些人将我国的注册安全工程师制度等同为日本的劳动安全卫生顾问制度显然是不妥的。因为对照中日两国各自的相关立法或管理规定后可知至少有3点不同：

第一，制度的产生背景不同

日本劳动安全卫生顾问制度的产生是与日本政府始终倡导企业特别是中小企业开展自发性的安全卫生管理这一背景密切相关的。即日本政府一方面倡导开展积极、自主的劳动安全卫生管理，一方面同时建立了有助于实现这种管理的注册劳动安全卫生顾问制度。其目的是使那些有积极主动地提高安全生产水平愿望的企业（特别是中小企业）能够利用劳动安全卫生顾问制度，并通过来自企业外部的顾问提供的有偿服务来达到相应的目的。

而我国的注册安全工程师制度则是以适应新的经济形势对安全管理工作的要求为大前提，为了提高生产经营单位内部或中介机构内部与安全生产管理、安全工程技术业务有关的从业人员的素质或业务水平，并由此达到提高企业安全生产水平之目的而设立的。

第二，劳动安全卫生专业人员的职能定位相异——"顾问"与"工程师"

日本将劳动安全卫生顾问的职能定位在向委托方提供以"诊断＋指导"为主要特色的有偿服务上。而我国对注册安全工程师的职能定位有欠准确、清晰的表达。之所以这么说，是因为从我国对"生产经营单位中安全生产管理、安全工程技术工作等岗位及为安全生产提供技术服务的中介机构，必须配备一定数量的注册安全工程师"来看，注册安全工程师是被企业配备进来的、作为企业雇员的一分子存在的劳动安全卫生专业管理人员，这样的人员是在"任职"而不是在"执业"。因此，日本的劳动安全卫生顾问制度是企业通过有偿使用外部的专家来达到提高安全生产水平目的的制度，而我国的注册安全工程师制度则是通过实行或强调高水平任职资格来达到提高专业人员素质并进而提高企业安全生产水平之目的的制度。从这一点上讲很容易理解为什么我国将这部分人员称为"工程师"、而日本则是将他们称为"顾问"。但从我国的"注册安全工程师可在生产经营单位中安全生产管理、安全监督检查、安全技术研究、安全工程技术检测检验、安全属性辨识、建设项目的安全评估等岗位和为安全生产提供技术服务的中介机构等范围内执业"的内容来看，又可以认为他们具有与日本的劳动安全卫生顾问相同的职能，即为企业的安全生产提供有偿服务。

由此说来，我国的注册安全工程师具有双重性，一是作为内部职能管理机构的专职或兼职人员行使岗位业务职能的内部性，二是作为外来专家提供独立项目的有偿服务的外部性。而日本的劳动安全卫生专家则只具有外部性。

第三，资格的有效期限不同

相对于我国注册安全工程师要面临严格的定期复审考核而言，日本的注册劳动安全卫生顾问则是一种终身制资格。即对他们没有再教育、复试及复审方面的硬性要求，只有日本劳动安全卫生顾问委员会或该会在全国各地设立的顾问委员会支部主持开展的生涯研修（继续教育）活动。

除此以外，注册劳动安全卫生顾问考试、注册、执业管理等都由厚生劳动省或其指定的行政法人机构负责，而我国的注册安全工程师制度则涉及不同的行政管理部门。

当前，包括中日两国在内的世界多数国家的安全生产管理已经进入了重要的转型期，其主要特征就是顺应国际标准化组织 ISO 主导的体系化管理之潮流，在企业安全生产领域中引入基于职业安全健康管理体系的管理方式，将原有的安全生产管理按照体系管理的思路予以补充和完善，使安全生产管理逐步实现从被动型向自主型的转变。然而，困难较大的是中小企业安全管理的转型。日本面对此问题的对策，是将注册劳动安全卫生顾问作为推动和支援企业（特别是中小企业）实现这种转变的技术力量。实际上，从《劳动安全卫生法》的相关规定不难看出，日本的劳动安全卫生顾问制度就是为了促进企业安全管理改善计划的落实、不断提高企业安全生产水平而建立的。在市场竞争日趋激烈的环境中，日本的大多数中小企业仍能保持旺盛的活力是与包括安全管理在内的政府全方位政策扶持分不开的。我国政府近年来也接连出台了很多扶持中小企业渡过经济危机的对策，但其中鲜见劳动安全卫生方面的实质内容。

尽管注册安全工程师制度在我国是刚刚起步，尚处于摸索和学习借鉴阶段，但已经在制度建设方面取得了很大进展，注册安全工程师队伍迅速壮大。今后应继续结合我国实际研究和吸收国外同类制度的立法及实际运行经验，关注注册劳动安全卫生专家的国际互认发展动态，向着与国际接轨的方向研究和发展制度，更加严谨、准确地为注册安全工程师定位，补充完善其职能范围，制定管理细则，更加合理地设计针对该制度的管理机构或职能归属。更重要的是应尽早通过立法将制度法制化、具体化。此外，强烈呼吁政府建立鼓励中小企业聘用注册安全工程师的机制，改变一方面是中小企业由于缺少安全人才越来越成为我国改变整体安全生产面貌的瓶颈，另一方面是拥有执业资格的注册安全工程师无业可执的矛盾局面。

第六节　职业安全健康管理体系与风险管理体系

近年来，伴随着 ISO 9000、ISO 14000 在世界范围内的成功实施和认证需求的高涨，有关职业安全健康管理体系（Occupational Safety and Health Management System，简称 OSHMS）的国际标准化问题也开始成为国内外相关人士的一个热门话题。其原因，一是在世界经济贸易活动中，企业的活动、产品或服务中所涉及的职业安全卫生问题受到普遍关注，需要有统一的国际标准来规范职业安全卫生管理行为，以改变外贸企业面对不同国家的法规要求间的差距和管理者及从业者观念上的差异时无所适从的状况；二是源于各国在越来越多、越来越复杂的职业伤害风险的威胁之下对提高安全管理水平、降低工伤事故率的迫切需求。同我国以及其他一些国家一样，日本也不顾美国最初的消极态度，为促成 OSHMS 的国际标准的出台付出了极大的努力。与此同时，日本又是比较早地制定了本国的职业安全健康管理体系标准[34]的国家之一。

一、职业安全健康管理体系

关于职业安全健康管理体系的产生背景、发展过程、主要特点及在世界范围内的普及应用等多方面内容，在国内很多文献资料中都有详尽介绍，本书不再赘述。这里只关注日本开始着眼于体系化安全管理的主要动机以及目前采用的体系标准概况，还特别强调分析其职业安全健康管理体系与企业风险管理体系之间的关系。

---

[34] 尽管日本厚生劳动省发布的是《劳动安全卫生管理体系指南》，但其英文为：Guideline for Occupational Safety and Health Management System，故按照我国的习惯叫法将该体系称为职业安全健康管理体系，并简称为 OSHMS。

第二章 日本劳动安全管理体制研究

1. OSHMS 的出台

众所周知，在国际社会形成对 OSHMS 的普遍关注之前，英国就已经开始制定自己的管理体系标准了，英国标准协会（BSI）制定的职业安全健康管理体系标准（BS8800）是迅速发展起来的国际化 OSHMS 的奠基石。其实，日本也是比较早地关注并着手开始实施体系化管理及认证的国家。从劳动行政部门到相关的民间团体以及主要的行业等，很早就开始探讨将 OSHMS 作为减少职业伤害的一个新工具的必要性。其中，最早着手将其具体化的是中央劳动灾害防止协会。1996 年，颁布了《中央劳动灾害防止协会安全卫生管理体系评价标准》，并开始接受企业委托实施评价工作。

随着 OSHMS 在世界范围内的迅速发展，1999 年 4 月，当时的日本劳动省发布了《劳动安全卫生管理体系指南》。而国际劳工组织（ILO）的 OSHMS 指南则是到了 2001 年才面世的。日本之所以能先于国际劳工组织出台自己的体系标准，是因为日本劳动省的人士参与了 ILO 制定 OSHMS 指南的工作，所以日本劳动省相信不会有与 ILO 标准相抵触的情况，提前颁布自己的体系标准也无妨。

除了厚生劳动省的 OSHMS 指南和中央劳动灾害防止协会颁布的评价标准以外，一些行业也结合各自特点，自发地制定发布了本行业的职业安全健康管理体系指南。例如，汽车产业经营联盟、日本化学工业协会、日本钢铁联盟、建设业劳动灾害预防协会等。

2. 开发 OSHMS 的主要动机

日本学者在分析自己国家为何比较早地开始建立 OSHMS 时，将原因归纳为以下几方面：第一，为了应对科技进步中出现的新风险的需要；第二，为了继续增进安全管理成效的需要；第三，为了增加政策的透明度和社会信任感的需要；第四，为了顺应体系化安全管理的国际大趋势的需要㉟。

尽管前面提到，日本学者把人们能自觉遵守劳动安全卫生法律法规作为日本的工伤事故不断减少的原因之一，然而，众所周知，安全法规的约束作用是有限的。理由是：

第一，现有的法律法规都是依据已发生过的事故的调查结果制定的，大都是

㉟ 大関親．新てい時代の安全管理のすべて（新时代安全管理大全）．東京：中災防，2002：208～210。

以防止同样的事故不再重复发生为目的为人们制定的最低限度的要求。而随着科学技术的不断进步，企业也在不断开发生产新的产品，为此就要创办新的事业或新的产业，就要引进新的生产系统、新的生产设备、新的原材料等，就要面对生产环境的不断变化。在这些"新"中会潜伏着很多未知的"风险"。新法律还来不及也不可能很快出台，现有法律法规又无法应对。

第二，事故发生的原因是多方面的，通常我们会从人、机、料、法、环等各个方面加以系统、全面、细致的分析。但让法律法规对所有的问题都加以规定和约束是不可能的。

对于新的风险，不去认识它们、解决它们，就无法开拓新的事业或开发生产新的产品。因此，面对科学技术突飞猛进的发展及其对生产带来的新问题，人们除了继续严格遵守现有的法律法规以外，还应设法去发现和认识各种新的或潜在的风险，要建立起能识别新风险的机制，就要掌握预知危险的知识和技能。而OSHMS的最大特点就在于它是以危险有害因素辨识、评价和事先控制为主线展开的。

这就是日本积极主动、迅速吸收并借鉴英国的经验，较早地建立起本国的OSHMS的主要动机。

3. OSHMS 的概要

日本实施体系化安全管理的依据是2006年4月1日修订的厚生劳动省《劳动安全卫生管理体系指南》和OHSAS18001[36]，与国际劳工组织的OSHMS指南、BS8800相比，不仅具有相同的P－D－C－A（即计划－实施－评价－改善）运行模式（如图2—8所示），而且在体系的结构及要素的规定上几乎都是相同的。

厚生劳动省的OSHMS指南除了开头部分的"目的"和"术语"以外，包括以下几个要素：

◆安全卫生方针。
◆危险有害因素辨识及对策的确定。
◆目标的确定。
◆计划的制定。

---

[36] 1999年，由13家国际知名认证机构联合制定发布的《职业健康安全管理体系规范》的简称。日本厚生劳动省已于1999年4月30日正式公布，并将其列为安全卫生法规的一部分，与厚生劳动省指南等同实施，日本正在积极推动并已见成效。

第二章 日本劳动安全管理体制研究

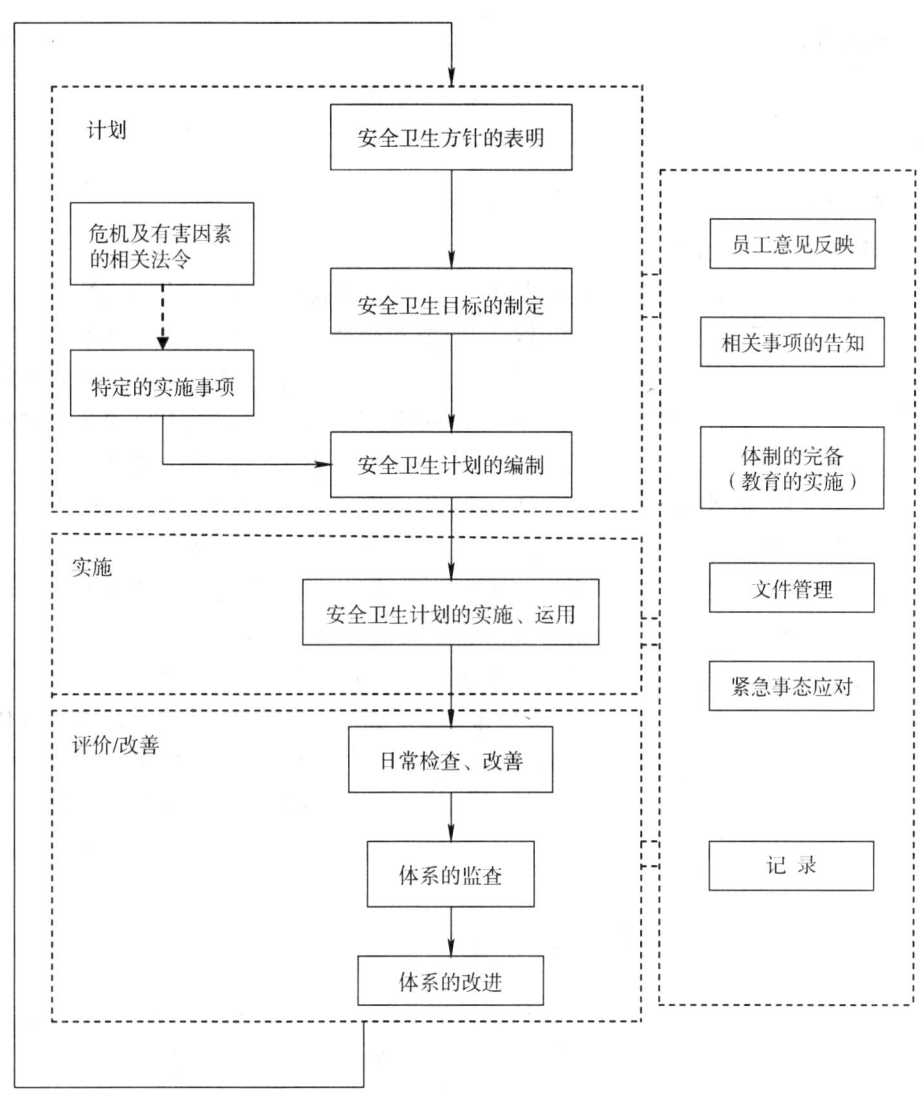

图 2—8 OSHMS 的运行程序[37]

◆员工意见反映。
◆计划的实施及运行。
◆体制的完备。

---

[37] 厚生劳动省《劳动安全卫生管理体系指南》。

◆文件化。
◆紧急事态的应对。
◆日常点检与改善。
◆系统监督（稽核）。
◆记录。
◆OSHMS 的改进。

OSHMS 的建立与运行在企业安全管理中的作用越来越被政府所重视，如在 2006 年修订《劳动安全卫生法》时，明确要求企业要在安全管理中引入职业安全健康管理体系，开展危及有害因素辨识、评价和控制，不断提升劳动安全管理的水平。《劳动安全卫生法》还对建立并运行该体系、并通过审核的企业制定了一定的奖励性措施，如当从事某些作业前，可以不受"必须提出安全作业计划"的限制等。另外，厚生劳动省从 2003 年实施"第 10 个劳动灾害预防五年规划"，将 2007 年度作为目标年度，号召从"零事故"走出向"零风险"努力，鼓励企业建立和运行劳动安全卫生管理体系，并指定废弃物处理业、建设业、陆地货物运输业为实施体系化管理的重点行业。

在研究分析 OSHMS 时，还应该关注日本的另一个企业管理体系标准——日本标准协会 2001 年制定的《风险管理体系建立指南》（JIS Q2001）。因为，现代企业管理更加强调全员、全过程的全面风险管理，劳动安全卫生管理、产品质量管理、环境管理、人力资源管理等都应在这个风险管理的平台上被统筹规划和协调实施。

二、企业风险管理体系建立指南

企业风险是指不确定性对企业经营目标的影响。[38] 风险管理是通过识别风险、衡量（评估）风险、分析风险并在此基础上有效地控制风险，用最经济、最合理的办法来处置风险，以实现最大安全保障的活动。随着对影响到人身安全、企业经营、社会稳定及环境的风险因素及其控制研究的不断深入，风险管理越来越受到企业界的重视，并且已在企业管理中得到了一定的推广和应用。

2009 年 11 月，国际标准 ISO31000《风险管理——原则与实施指南》终于问世了，作为风险管理领域一个统领性的、最高层次的文件，它规范了组织风险管

---

[38] 国资委. 中央企业全面风险管理指引. 2006。

理的流程与体系框架,明确了风险管理整体化发展的方向,为现存的处理具体风险的标准提供了支撑,对指导各相关行业领域建立风险管理标准具有较强的指导意义。㊴ 该国际标准的出台将在世界范围内极大地推动各国经济领域特别是企业的全面风险管理的开展,因为它既可以带动尚没有树立风险管理意识的经济主体开始关注、研究和引入风险管理体系,不断提高管理的科学性和有效性;又可以使已经开始实施风险管理的经济主体进一步规范管理、校正体系,提高其风险管理的质量。日本应该属于第二种情况,事实上,从1998年9月,日本标准委员会就开始制定本国的风险管理体系标准了,并于2001年3月20日颁布了日本工业标准JIS Q2001《リスクマネジメントシステム構築のための指針》(《风险管理体系建立指南》,以下简称《指南》)。由于比较早地掌握了ISO已决定制定风险管理国际标准的信息,因而在制定上述指南的同时就考虑了与国际标准对接的问题。日本工业标准化组织之所以在20世纪90年代中期强力推行本国的风险管理标准化工作与阪神大地震有着很大关系。

1. 风险管理体系建立指南的出台

(1) 传统企业管理的特征及弊端　以往的企业管理多是针对不同的风险内容展开的部门间分离式的纵向管理,而不是统一协调的企业全面管理。如针对地震、台风、洪水等自然灾害风险和拐骗、恐怖活动等风险的危机管理,针对经营决策失误的经营风险管理,针对人力资源损失或用人不当风险的人事风险管理,针对产品缺陷风险的责任风险管理,针对计算机犯罪及网络犯罪风险的计算机安全或网络安全管理,针对市场风险、信用风险的金融风险管理,针对劳动伤害风险的安全卫生管理等。这些以单一风险内容为对象实行的部门间各自为政的管理的弊端在于:缺少最高层领导对各项管理的承诺和参与,不便于制定明确的企业全面管理的方针及目标,不便于实现有组织的各项管理间的相互配合与促进,难以开展对整体管理效果的客观评价等。

以上诸种弊端显然与当今企业谋求最大安全保障的经营要求格格不入。现代商品经济的发展,使社会的政治、经济结构不断发生变化,各部门之间的联系更加错综复杂,各种不确定、不稳定因素大大增加;同时,高度发达的生产力所形成的买方市场使企业间的竞争日益激烈,特别是在需求变化日新月异的情况下,产品寿命周期日益缩短,技术革新的风险越来越大,再加上国际环境动荡不安,

---

㊴ 国家标准化管理委员会."风险管理国际标准跟踪研究". 课题报告. http://www.cnis.gov.cn/zdly/gyyxf/gy/yjcg/200706/t20070622_1785.shtml.

使涉外经营风险的防范与处理成为企业进军国际市场的当务之急。于是,以实现各种风险管理间的协调一致,包括人的行为风险在内的全面风险损失最小为目标的研究,便成为一个重要的课题。日本适时颁布了《风险管理体系建立指南》,成为继澳大利亚、新西兰和加拿大之后第四个制定风险管理标准的国家。

(2)《风险管理体系建立指南》的制定背景　受通商产业省工业技术院的委托,日本标准协会于 1998 年 9 月开始进行风险管理体系标准化的调查研究,作为第一阶段的成果,2000 年 3 月完成了《风险管理体系建立指南》(草案)。之后按照预定进程,在通过日本工业标准调查会的审议和通商产业省大臣的答辩并对草案进一步修改后,于 2001 年 3 月 20 日作为日本工业标准(JIS)正式发布实施了。

这个标准的制定,是因为 1995 年发生的阪神大地震暴露出日本的危机管理体制极度脆弱,当时,不仅政府的危机管理体系的启动迟缓,遭到民众的猛烈批判,一些有着较完备的应急预案的企业也未能很好地处理地震后出现的紧急事态,引起了日本社会的不满。地震暴露出的问题可以归纳为三个方面:一是行政上缺乏像西方国家联邦紧急事态管理厅那样的管理机构;二是企业经营者缺乏风险意识和危机管理手段;三是家庭生活中普遍没有应急支出规划,用于地震发生之后的金钱准备不足。制定评价或考察企业在实施危机管理时应尽的社会责任的标准与原则的提案,成为日本工业技术院委托日本标准协会制定《指南》的发端。但最初还只限于对危机发生之后以紧急对策为中心的危机管理(Crisis Management)的研究,制定更加广泛意义上的、旨在使各种风险的总体损失最小化的风险管理体系标准,是从 1998 年 9 月才开始的。

众所周知,对于风险及风险管理,存在着多种学说和见解。《指南》作为日本第一部有关风险管理的国家标准,对风险及风险管理进行了明确的界定。即风险管理是指对风险进行辨识、分析、评价并确定处理的先后顺序、选定不同的对策(控制型的或财务型的)实施处理的过程。《指南》是以系统地展开风险管理,并以提供对所有经济组织、所有风险都适用的管理体系的结构、建立原则和各种要素为目的而制定。仅此就足以表明该标准在日本的工业标准体系中所处的重要地位及其重要意义。有了该标准,管理的相关各方就有了使用相同的风险管理用语及概念的基础,就有可能对风险管理持有共同的认识。

2.《风险管理体系建立指南》(简称《指南》)的主要内容及特点

(1) 建立风险管理体系的原则

原则一:风险管理方针。组织要确立风险管理方针,并确实落实之。

原则二：风险管理计划的制定。为了落实风险管理方针，组织要制定实施计划。

原则三：风险管理的实施。为了有效地实施风险管理，实现风险管理的基本目的及风险管理目标，组织应建立具有相关职能的支撑机构。

原则四：风险管理绩效评价以及风险管理体系的有效性评价。组织应在考量、监测、评价风险管理绩效的同时，对风险管理体系的有效性进行评价。

原则五：实施风险管理体系的修正与改善。组织应在风险管理体系绩效及体系有效性评价的基础上，对体系要素实施必要的修正及改善。

原则六：组织最高经营者评审。组织应以改善整体风险管理成效为目的，对风险管理体系进行持续改善和修正。

原则七：保持风险管理体系的体制结构。组织应拥有能够保持风险管理体系的体制结构。

（2）构成风险管理体系的要素

①建立或保持风险管理的体制（包括最高经营者的作用、管理责任人作用两个二级要素）。

②风险管理方针（包括明确方针、行动指南、基本目的设定三个二级要素）。

③风险管理计划的制定（包括风险分析、风险评价、风险管理指标确定、风险管理对策选择、设定实施对策的具体程序五个二级要素）。

④风险管理的实施（包括实施规定的程序、追加实施紧急事态下的特征事项、追加实施复旧作业时出现的特征事项和运行管理四个二级要素）。

⑤绩效评价及有效性评价（包括管理成效评价、体系有效性评价两个二级要素）。

⑥修正与改善措施（包括持续性、实施的确认两个二级要素）。

⑦风险管理体系的保持（包括能力、教育、训练、仿真、风险沟通、文件制作、文件管理、监视已发现的风险、记录保持的管理、风险管理体系稽查八个二级要素）。

⑧最高管理者的再评审。

（3）《指南》的特点　企业高层的重视和参与程度决定着风险管理体系的成败。与现有各种管理体系一样，《指南》同样强调了最高经营者对于成功实施风险管理的重要作用。也就是说，风险管理必须由全权负责整个组织业务的最高层自上而下地推行，所制定的各项风险原则必须可用于一个组织的所有部门，从决策层到经营管理层，从经营战略及政策到运作程序。不同企业由于实际情况不同，风险管理人员的职责范围是不同的，但就风险管理组织体系来讲，现代企业风险管理的基本组织结构都是在最高管理层领导下,以一个专业风险管理部门为中心,协调和组织企业各部门和员工共同完成风险管理及一般管理目标。总之,企业领导层必须对风险管理负完全责任是风险管理的一个基本出发点。

《指南》是研究分析各种管理体系所共有的结构、原则及要素后的产物。其最大特点就在于它是一个管理体系标准,既不涉及具体的风险对策方法,又不涉及诸如建筑物的耐震强度、交通安全教育的频度以及企业应控制的劳动灾害事故率等具体的指标内容,而是强调企业建立的风险管理体系中必须包含的要素,这些要素包括风险管理的体制、方针、计划、实施、评价、修正与改善、维持体系运转的保证措施及最高经营者的评议八个部分。《指南》的构成思路虽然源于ISO管理体系标准,但最终又将它们涵盖其中,是一个覆盖了从自然灾害、劳动灾害、质量及环境问题到客户倒闭、外汇市场变动等经营、财务风险在内的全面综合的风险管理体系标准。

此外,《指南》中规定的管理程序仍以人们耳熟能详的 PDCA 循环为基本构成。其中,P 代表 Plan,为制定风险管理的方针及有关风险管理计划;D 代表 Do,为实施风险管理;C 和 A 分别代表 Check 和 Action,为风险管理成效、风险管理体系的有效性评价,风险管理体系的纠偏、改进以及组织最高经营者的评议等。

制定该标准的根本目的是实现风险管理成效或安全水准的提高,但这种提高被明确强调为不是那种只在被检查时才能表现的瞬间的提高,而是指由于运行了风险管理体系所形成的持续的良好安全状态。

三、《指南》与 OSHMS 的关系

《指南》与 OSHMS 的关系应首先从企业风险管理与企业安全管理的关系分析开始。

人们熟知的管理学家亨利·法约尔将企业的所有活动划分为技术活动、商业活动、财务活动、安全活动、会计活动和管理活动六种基本职能。他对其中的安全活动的理解是:保护财产和员工免遭盗、火、水等损失,避免罢工、重大犯罪以及危及企业发展甚至生存的各种社会干扰和自然干扰;它为企业提供安全保障,为人们提供内心所必需的安宁。尽管对上述的安全职能描述尚有补充完善之必要,但法约尔所指的安全活动就是企业的风险管理活动这一点是毋庸置疑的,因而可以说风险管理作为企业经营过程中的一个基本职能,其重要地位是早被认知的了。它贯穿于企业各项职能之中,是企业所有层次上的各个部门都无法回避

第二章　日本劳动安全管理体制研究

的责任。它不仅包括预防事故或灾害的发生及对劳动者的保护等内容，还涉及保险、投资甚至政治风险和社会风险等领域。也就是说，针对职业伤害风险展开的管理活动——企业劳动安全卫生管理，只是企业风险管理的一个组成部分，其目的是使劳动者面临的由于职业性危险因素和职业性危害因素导致伤亡事故或职业病的风险降至最小。

与风险管理强调的尽可能减小风险带来的经济损失以及注重体现成本和效益的关系有所不同，劳动安全卫生管理强调的是减少或消除事故，保护劳动者的生命安全和身体健康。把握二者的相互关系及其目标侧重上的不同，有利于推动劳动安全卫生管理工作的开展。这是因为，一方面，可以从风险管理的内容构成上更加明确职业安全卫生管理的不可或缺性，使企业最高领导层便于从风险管理的角度看待职业安全卫生管理，并给予应有的重视。应当承认，风险管理始于对若干单一风险的具体管理的累积，一些受经营资源所限的企业，不可能也没有必要对所有的单一风险都给予同等程度的认识和处理。但是，如果忽略或遗漏了对经营有重大影响的风险就会使企业陷入困境，劳动伤害风险当在此列。另一方面，从劳动安全卫生管理是企业风险管理的一个组成部分，是风险管理的理论和方法在劳动伤害预防领域里的具体展开这个角度出发，可以发现对安全卫生管理进行改善的必要性。即应当强调对劳动伤害风险因素的全面识别、客观评估、筛选适当的处理方法并实施处理、对处理结果进行追踪并据此进行纠偏或改进等过程，应当借鉴普遍认同的风险管理原则和思路，改进或规范职业安全卫生管理。

进行有效的职业伤害风险管理，必须做好两方面的工作：一是确定其管理战略，二是建立严密的管理体制，并最终形成具有系统性、协调性和可行性的管理体系，把劳动伤害风险管理的目标同企业的经营战略与经营活动联系起来。

 作者小议

无论从管理理念、管理目标还是从管理手段来看，安全管理的重要转型期已经到来。其主要特征是顺应国际标准化组织ISO主导的体系化管理之潮流，在企业安全管理领域引入基于职业安全健康管理体系（OSHMS）的管理方式，其目的是依据现代管理科学理论制定的管理标准来规范企业的劳动安全管理行为，将原有的安全管理按体系管理的思路加以补充和完善，使企业逐步实现从被动型向自主型的转变，提高企业安全管理水平，降低劳动伤害风险及相关损失，降低生产成本，预防、控制事故的发生，保障企业劳动者和相关方的安全与健康，并使

企业管理符合国际通行的惯例。企业通过实施 OSHMS，有利于系统化、规范化地管理自身的安全行为，提高安全管理绩效，并进而在国际市场中处于主动地位。劳动安全卫生管理、质量管理和环境管理作为管理的不同侧面，不仅遵循着相同的管理的基本原理与原则，而且在为用户、为社会提供低风险或无风险的产品与服务方面，具有根本目标上的一致性。作为风险管理工具的职业安全健康管理体系、质量管理体系和环境管理体系，已经具备标准一体化的基础这一观点，已在国内外众多学者及企业间达成共识。

风险管理是一个系统工程，为了实现以最合理的支出获得最大安全保障的目标，应该制定企业整体的风险管理计划，组建集中的风险管理部门，配备相关风险的管理人员以实现协调一致的、系统的全面风险管理。为了不遗漏所有对经营带来威胁的风险，应当建立规范的管理体系，并使之持续运行、不断改进。这个全面的风险管理体系，包括完整的组织结构、报告线路和监督平衡机制。而它的基础则是能够正确地识别风险，其中不仅要识别可量化的风险，而且必须认识其他不同类型的非量化风险。如，操作程序上的、法律上的和人事上的风险等。在明确企业整体风险管理方针及目标的前提下，以对形形色色风险的分析和评价为基础，确定处理风险的先后顺序，制定风险管理对策，根据对实施状况的监督和测定结果进行领导层的评价、管理对策及管理体系的纠偏和改善。支持这个风险管理体系的是组织机制、监察机制和风险管理信息系统。

从 2009 年 11 月 ISO 31000《风险管理——原则与实施指南》的发布可以断言，企业全面风险管理体系的建立势在必行，以防范劳动伤害风险为目的的 OSHMS 是这个体系中不可或缺的重要组成部分。

第七节　工伤事故管理及事故瞒报的防范

一、工伤事故的报告、调查与处理

1. 关于工伤事故报告的规定

根据日本《劳动安全卫生法》第 100 条和《劳动安全卫生规则》第 97 条的规定，当企业发生工伤事故后，无论最终是否涉及工伤保险理赔（因为是否申请工伤保险赔付由受害者本人或其遗属决定），雇主都必须向当地劳动基准监督署上报事故的发生情况,并提交"劳动者死伤病报告书",根据事故的严重程度不同对上报时间做出了不同规定。这里所指的事故严重程度是按工伤事故导致的歇工天数进行划分的,具体分为以下两种情况:

第一种情况,当发生导致死亡或歇工4天(含)以上的工伤事故时,雇主必须立即上报事故的发生情况。

第二种情况,对导致歇工不足4天的工伤事故,雇主必须在规定的日期前按季度累计上报事故发生的情况。

对事故报告的有关规定见表2—11。

表2—11　　　　　　　　事故报告的有关规定

	事故严重程度		事故上报时间
1	死亡或歇工4天以上的工伤事故		立即上报
2	歇工不足4天的工伤事故	1~3月份内发生的	4月30日以前上报
		4~6月份内发生的	7月31日以前上报
		7~9月份内发生的	10月31日以前上报
		10~12月份内发生的	次年1月31日以前上报

如果雇主不按上述规定向劳动基准监督署报告事故或进行与事故事实不符的虚假报告,便构成了"隐瞒事故罪"。一旦查实,就会因干扰正常的工伤保险制度秩序、牺牲工伤职工合法权益、触犯劳动安全卫生法律而受到严正处理,被处以50万日元以下的罚款。如果是工伤职工本人故意隐瞒事故不报,一经查出后也要追究其雇主的责任并对该雇主实施处罚。

2. 工伤事故调查

(1) 事故调查的目的　日本工伤事故调查的目的,强调的是从事故中学习、从事故中学会预防,即查明事故原因,避免事故重现。因此有专家认为,追究事故单位涉嫌违法者的责任,应在涉嫌违法者采取了预防事故再发生对策之后进行。政府要求从事事故调查的有关人员必须树立正确的事故调查观,即比查明事故责任人更重要的是查明事故发生的原因。

(2) 事故调查的类别　工伤事故调查主要有两类:

第一类,是企业或作业单位自主实施的事故调查。对此,虽然《劳动安全卫生法》中没有规定企业必须实施事故调查的条款,但安全卫生总管以及安全管理者的职责中都包含有负责实施事故调查的内容,因此,可以认为法律是有间接规定的。

第二类，是劳动行政机关实施的事故调查。即由劳动基准监督署、警察署、消防署等行政机关开展的事故调查。这种调查可以被认为是以查明事故单位或雇主是否有违法行为为目的的。根据法律，在必要时调查者可以进入作业现场，询问相关人员，检查账本文件等物品，还可以对作业环境进行测定或在必要的情况下取走一些物品进行检查。

(3) 事故调查的程序

①调查开始前。着手事故调查前，首先应以紧急施救为第一大事，并实施紧急联络和安全确认。当救援工作结束准备开始事故调查时，必须先对事故现场的安全状态进行确认。

②保护事故现场。事故现场资料对于调查事故原因的重要性不言而喻，因而在事故调查结束前，必须对事故现场进行保护，与此同时尽可能多地拍摄现场录像或照片。翻阅日本的事故调查报告书，都会发现其中不仅有现场照片，还会有手绘的现场位置关系图等。

③组建事故调查组。根据事故规模及后果严重程度、技术复杂程度等因素组建不同的调查组。对受害较轻的事故，由生产现场的负责人听取受害人及相关者的证言并进行确认后，就可终了调查。对伤害较大的事故，由作业单位的负责人、管理者、监督者、安全管理部门、有关的技术部门和工会组成调查组实施调查；对于技术进步、科学实验等借鉴资料较少的事故，可以请外聘专家介入事故调查。由企业或作业单位实施的事故调查，一般以安全管理者为中心进行。参与事故调查的人员要公正、客观、懂生产流程、有调研能力，并且最好有对劳资双方的情况较为了解的人参加。对造成较大社会影响的重大事故，与企业或作业单位实施的事故调查同时展开的是劳动基准监督署、警察署、消防署等行政机关主导的事故调查。此时，企业或作业单位的劳动安全卫生总管理者要以应对和配合行政机关的事故调查为主，同时应该掌控事故发生后、事故调查中的局面，避免出现混乱。

④实施事故调查。事故调查分三个阶段进行，第一个阶段是确认事故事实，从与人有关、与物有关、与作业内容有关、与作业方法有关、与作业管理有关的多个方面进行确认。第二个阶段是对与事故的直接原因有关的问题点进行调查分析（人的不安全行为、物的不安全状态、管理缺陷）。第三个阶段是调查分析与间接原因相关的问题。确定合理的调查范围，除了较轻的事故以外，一般事故调查涉及的范围都很广，应广泛听取证人证言，准备好必要的调查用器材工具等。

⑤进行事故原因分析。从直接原因（人的不安全行为、物的不安全状态）和

间接原因入手进行事故原因分析与确认。较之直接原因，间接原因的确定有一定难度，一般日本强调调查人员要从人员、设备、方法、管理四方面入手进行。在事故原因分析时常用事故树分析、事件树分析、故障类型影响分析、因果分析法（鱼刺图分析）等方法。

⑥完成事故调查报告书。调查人员一般被要求按照5W1H的思路整理事故调查报告，即谁（who）、何时（when）、何处（where）、何故（why）、做何（what）、如何（how）。提出防范事故重演的对策措施。

二、工伤事故瞒报的防范对策

工伤事故瞒报问题的治理涉及经济学、社会学、法学、管理学、行为学、心理学等多学科内容的交叉，是一项复杂的系统工程。进入20世纪90年代以来，日本的工伤事故瞒报问题日渐突出，不仅对当事人及其家属享受正当的工伤保险待遇带来障碍，破坏了工伤保险、医疗保险和安全管理制度的严肃性，而且造成了恶劣的社会影响。成为日本近年来安全生产管理工作的一个重点和难点。采用各种可能的手段发现瞒报现象的存在并对责任人绳之以法，是日本政府重点整治的工作内容之一。从2007年度开始，整治措施又被注入了新的内容。

1. 日益严重的事故瞒报及其后果

尽管日本《劳动安全卫生法》和《劳动安全卫生规则》对事故报告有明确的规定，但事实上在日本这个以现场改善和严格管理闻名的经济发达国家，隐瞒工伤事故不报的现象一直存在，特别是进入20世纪90年代以来表现得更为严重，且近年来还有上升的趋势（见表2—12）。据日本厚生劳动省公布的资料，仅事故风险较大、重大灾害事故多发的建设业，在2001－2003年间的工伤隐瞒率就从60%上升到80%。

表2—12　　　　　因瞒报事故被送检察院的案件数统计[40]

时间	1998年	1999年	2000年	2001年	2002年	2003年	2004年	2005年	2006年	2007年
件数	79	74	91	126	97	132	132	115	138	140

⑩ 厚生劳动省. 隐瞒事故的关检事例. http://www.mhlw.go.jp/general/seido/roudou/rousai/4.html.

瞒报工伤事故的直接恶果是严重侵犯了工伤职工享受工伤保险待遇的合法权益，破坏了工伤社会保险制度的正常运行，并造成恶劣的社会影响。此外，由于一些雇主将工伤职工本应通过工伤保险制度获得的赔偿处理为按医疗保险制度享受医疗保险待遇，结果导致不应有的个人负担发生和医疗保险金支出的非正常增加，干扰了医疗保险制度的正常秩序。据官方统计资料显示，这样的情况在1990年至2000年的10年间，共发生了约58万起。使得总额达40亿日元的个人负担发生，并导致医疗保险金多支出207亿日元。[41] 而受雇于中小企业且未加入医疗保险的工伤职工则很难有获得医疗救治或赔偿的保证，为了保住饭碗又不得不忍气吞声。显然，事故瞒报的另一个恶果是劳资关系的不断恶化。

2. 常见的瞒报手法

对不经过工伤认定、不履行工伤保险程序处理的工伤事故，事故单位的责任人一般会通过以下几种瞒报手段达到目的：

(1) 用医疗保险救治代替工伤保险救治　工伤事故发生后，企业虽然送工伤职工去医院接受急救或治疗，但对不会留下后遗症、可能不需很长治疗期的受伤害者的救治则会与医生或医疗机构结成攻守同盟，不按工伤事故处理，不让工伤职工享受工伤保险中的医疗补偿待遇，而是通过医疗机构向社会保险机构申请医疗保险金来解决救治费用。例如，厚生劳动省通过对2005年度的医疗保险金支付记录进行调查，查出了5万多件应该通过工伤保险制度进行理赔的支付记录。对于医疗保险制度中个人负担的30%的部分，有的企业为了封住工伤职工的口，宁肯替职工支付。

(2) 企业自行支付工伤职工的治疗费用　与用医疗保险代替工伤保险的做法不同，一些中小企业担心有不良记录会影响今后的项目投标，便采取不留下任何事故或社会保险支付痕迹的做法，自行支付工伤职工的医疗救治费用，并不惜每日派专车专人负责接送工伤职工"照常上班"，安排其临时从事接听电话之类的轻便工作。

(3) 伪造承包、转移事故　作为承包方的一些中小企业主，为了不给总发包方找"麻烦"，以保住今后的工作机会，或者为了自己支付在被瞒报事故中受到伤害的职工的较高医疗费用，就将已成事实的工伤事故"安排"在本企业承包（转包）的其他项目现场或伪造的承包（转包）项目现场。

---

[41] 每日新聞大阪本社労災隠し取材性なくせ！労災隠し [M]. 大阪：アットワークス有限公司. 2004.11：59.

（4）利用行业之便瞒报事故　最典型的是利用医疗行业的工作之便，对在工作中受到伤害或罹患职业病的医生或护士等直接进行治疗，根本不按照工伤事故进行报告（抽血过程中发生的事故除外）。

（5）以解雇相要挟，让工伤职工自吞事故后果　随着经济发展形势导致的就业形势的严峻化，越来越多的日本人早已与终身雇佣制无缘。职工与派遣公司签订劳动合同、作为被派遣的合同工或临时工从事一份极不安定的工作，这已成为再正常不过的就业状态。一些违法的企业主利用这些员工怕失去工作机会的心理，只给予少量的补偿费或干脆不支付补偿费，以解雇相要挟，与工伤职工达成不申请工伤认定及工伤保险待遇的约定。也确有一些职工由于对企业做法不满，或接受医生的劝告主动提出工伤认定要求之后被企业解雇。这在一些缺乏就业安定感的职工中造成了极为消极的影响。

3. 事故瞒报现象多发的原因

在以技术先进、经济发达国家著称的日本和以遵纪守法、严谨自律、自觉敬业著称的日本人中之所以存在着严重的事故瞒报现象，其原因是多方面的，它涉及经济、管理、社会保障、立法等诸多领域的复杂的系统问题。但最主要的原因应该从与经济特别是与世界经济形势变化带来的劳动用工形式变化的关联来分析。因为正是世界经济格局的变化，经济全球化程度的不断加剧，导致世界范围内资本更容易向低成本、高利润回报的区域流动，其结果之一是带来了日本终身雇佣制的崩溃和以派遣劳务为主的新的劳动用工形式的形成。随着劳资关系的更加失衡（弱劳工、强资本）以及劳动用工形式的更加多元化及市场化，处于弱势地位的劳动者越发失去了话语权，雇主可以更方便地追求劳动成本的最小化，大量相对廉价的、文化素质特别是安全素质较低的劳动者成为劳务派遣公司的签约对象。于是，事故频发、事故多发局面开始出现，事故瞒报现象逐渐增加，工伤职工为了不失去工作机会不得不放弃自己应该享有的工伤赔偿的权益。因此，如何通过提高劳动者的社会地位、建立平等合理的劳资关系和实现社会财富分配的公平化来防范事故瞒报问题的发生，便成为经济学家和社会学家的重要课题之一。

事故瞒报问题的另外一个重要原因是与廉价用工导致的职工队伍素质低下倾向直接相关的。如前所述，成本相对较低的派遣劳动者被大量雇用，他们缺少专业背景，没有条件接受真正到位的安全知识和安全技能教育培训，在处理事故隐患或突发事件方面缺少经验，因而是事故的多发人群。更可悲的是，他们的工伤保险知识极为欠缺，对工伤保险制度的医疗赔付标准高于医疗保险制度的相应补偿标准、工伤职工可在一定期间内无被解雇之忧、工伤保险给付无须纳税、工伤职工可被免除居民税等法律规定,很多被迫同意工伤私了的工伤职工竟全然不知。因此,工伤保险法、劳动安全卫生法、职工权利与义务的宣传和普及很不到位,也是日本事故瞒报现象多发的原因之一。显然,如果没有事故当事者(即工伤职工)的积极配合,防范事故瞒报的工作将寸步难行。

此外,享受工伤保险待遇不如享受医疗保险待遇那样方便,这也是非致残伤害的工伤职工同意享受医疗保险而非工伤保险待遇的原因之一。

有些作为"无工伤事故单位"的典型被政府或行业部门大力宣传的企业,一旦近期内发生了工伤事故,或因担心自身形象受损或因被上级授意而选择"不报告"。还有一些企业安全生产主管人员或部门非常担心事故发生后要承受来自企业投资者、经营者或其他职能管理部门的指责及巨大压力,在对事故报告问题上采取了不正确的做法。

当然,政府在安全生产管理上的一系列严格管理措施也常常成为日本的一些企业主瞒报事故的主要借口。主要表现在:第一,强调依法从严和重视责任追究及处罚的安全管理机制使一些企业主感到,一旦发生事故就立刻会被追究刑事责任,压力很大,因此能瞒就瞒。第二,为了规避来自劳动行政监督部门的调查、处罚以及对事故单位生产经营活动的限制,一些企业主不惜以身试法。以建筑业为例,日本规定:凡是发生工伤事故的企业都要停止作业接受劳动行政部门的调查和特殊指导,并在一定时期内被取消参加新的工程项目投标的资格,特别是导致工地附近的路人受伤的事故发生的企业被限制参加新项目建设的期限会更长,处罚更严厉。因而,一些企业主惧怕接受调查期间工期拖延和因为有过事故的不良记录而失去市场竞争的机会,便心存侥幸,试图瞒天过海。第三,对于工伤职工来说,用工伤保险基金支付工伤医疗费用时,没有医疗保险制度中30%的自费负担部分,并且补偿待遇的种类和范围也有很大区别,而一些企业主却无视工伤职工的利益,只优先考虑一旦上报事故将给自己带来的不利影响,如企业形象受到损害、交纳处罚金、工伤保险费率向上浮动等,因而想方设法瞒报事故。鉴于此,一些劳动者团体对工伤保险费率的浮动机制进行了猛烈抨击,日本建设业上调了浮动费率和浮动范围的做法更是遭到强烈反对,被批判为是以雇主利益为重、助长工伤事故瞒报行为的不良举措。第四,一些雇用廉价的、非法滞留者的中小企业,更是隐瞒事故不报。这些非法滞留者很多在恶劣的作业环境中从事日本人不愿从事的危险作业、艰苦作业或重体力劳动,极易发生工伤事故。一旦被发现,不仅劳动者个人会被驱逐出境,而且雇主也会因"助长非法就业罪"受到处罚。因而,瞒报事故便成为这类企业劳资双方的共同选择。

4. 事故瞒报的防范及处治措施

近年来,日本政府已经将防范和严肃处治事故瞒报问题作为劳动安全管理和工伤保险制度管理的一项重点工作来抓。其主要措施包括:

(1) 充分利用告知、宣传的作用　通过加大宣传教育力度和扩大宣传教育范围,提高劳动者队伍的整体素质,并力图使"瞒报事故就是犯罪"人人皆知,设法动员广大职工抵制和揭露事故瞒报现象。如在加强对企业员工、派遣公司员工进行工伤保险法、劳动安全卫生法等方面的教育培训的同时,日本国家电视台还就工伤事故瞒报的各种手法、发生事故瞒报的主要原因及危害等内容制作专题节目在晚间新闻后的黄金时间段播出,利用大众媒体工具号召全社会关注和抵制事故瞒报行为。

(2) 发挥监督作用,鼓励举报行为　强调发挥企业职工、工伤职工及其家属、工会的监督作用,鼓励举报行为。据统计,被揭露的瞒报事故中,有80%左右是工伤职工或其家属举报的。

(3) 拓展发现事故瞒报的途径　除了鼓励工伤职工或家属以及周围员工举报以外,还利用政府社会保险机构对医疗机构提出的医疗保险金支付申请单据的严格核查,即通过对医疗记录及医疗费清单的严格核查,发现可能按普通伤害实施治疗的事例,并加以确认。从2007年开始,日本政府加大了这种核查的力度,从医疗保险金申请单据抽查改为单单必查,对一些医疗机构和企业主产生了威慑作用。

(4) 建立社会保险机构与劳动行政部门的联动机制　以往,社会保险机构发现用医疗保险代替工伤保险的瞒报事故后,仅直接通知企业督促对工伤职工按工伤保险处理。而在厚生省与劳动省合并之前,归属厚生省的社会保险机构与劳动行政部门各司其职,很少就关联问题进行沟通和协调解决,所以大部分的瞒报问题不了了之,既没有被报告到劳动行政部门,也没有转为按工伤保险处理。为了纠正这种现象,从2007年6月起,日本政府决定建立起社会保险机构与劳动行政管理机构之间的联动机制,对报送到社会保险厅的医疗保险治疗记录中有治疗工伤嫌疑的记录,都要报给劳动基准局加以核查确认,再由劳动基准局向各地的劳动基准署进行通报,在工伤职工的配合下对涉嫌瞒报事故的企业主进行教育和处理。

(5) 劳动行政部门与检察院间形成联动协调　对非法用工特别是雇用非法滞留者的企业和被雇用者,由劳动部门核查确认后,报检察机关依照刑法加以处置。意在形成更有威慑力的法制环境,杜绝事故瞒报现象。

（6）对瞒报事故者严格依法制裁　瞒报事实一经核实确认，就会依据《劳动安全卫生法》及《劳动安全卫生规则》的相关规定，对违法不报告事故或对事故作虚假报告的企业主实行50万日元以下罚款或向检察院书面送检。

此外，一些存在争议的措施建议也颇引人关注。最有代表性的就是担心加大加重对工伤事故发生单位和对事故瞒报单位惩处力度的做法会成为企业瞒报事故的催化剂，所以建议取消工伤保险费率浮动制和取消限制事故单位市场准入的规定等。日本国会专门就工伤保险费率浮动制度与事故瞒报间的关系举行过听证会。但是，对此建议持反对意见的也大有人在。他们认为恰恰是由于瞒报事故的成本过低、处罚不重才使一些人存侥幸心理违法办事。因为对一些劣质企业来讲，即使瞒报行为被揭发也没什么了不起，区区50万日元以下罚款的瞒报成本对他们而言不过是九牛一毛，而一旦瞒报成功则受益多多。因此，如何把握惩治力度，营造一个更利于鼓励依法报告事故的社会人文环境，已成为日本的一个重要议题。

 **作者小议**

对比中日两国事故瞒报问题的现状及对策可以看出，在劳动用工形式的多样化、劳动力的低廉化、劳动者素质的低下倾向等方面存在的问题是共同的，在加强事故报告制度管理、探讨更有效的惩治手段与营造有助于报告事故的社会人文环境方面的需求是一致的，而日本在加强安全生产监督管理机构与社会保险机构、医疗机构间协调配合的做法对我国的启示是明显的。

与我国某些地方政府官员和企业主间存在的一损俱损的利益链条促成瞒报原始动机相比，日本的事故瞒报问题的动机似乎要单纯一些。虽然也与企业内部的绩效评价机制和一些主管人员不正当地维护自身利益有关，但更多的是与企业的业务量和员工的就业机会紧密关联，极少有官商勾结共同知法违法的案例，且一经发现事故瞒报和查实后，对责任者依法实施的法律制裁也基本上可以无人为障碍地顺利执行。由此带给作者的思考是，近年来，我国《刑法》中设立的瞒报事故罪及其惩治规定、国务院办公厅发布的《关于严肃查处瞒报事故行为，坚决遏制重特大事故的通报》以及最新《生产安全事故报告和调查处理条例》的实施，都表明了我国政府严格执法、严厉打击瞒报、谎报事故违法犯罪行为的决心和力度，但能否从我国安全生产的监督管理体制上、从对地方政府和企业领导的绩效考评及职务升迁制度改革上、从安全一票否决制带给事故统计报告的真实性和有效性的影响上探讨和制定更有利于杜绝事故瞒报问题发生的可行措施；与主要依据事故后果的严重程度查处领导责任相比，能否更关注领导过程，即查实相关领导在强化日常安全生产管理方面有无作为，并以此为依据进行科学的、客观的评判与处理；对按法律规定如实报告事故者采取正面教育代替经济制裁或行政处理的做法，使人们明白政府要求如实报告事故的目的在于更好地研究和防范同类事故的重复发生，消灭或减小事故对企业及个人的不利影响，而对于恶意瞒报事故的企业，则应坚决运用法律手段严加制裁，甚至令其关闭。

总之，建立一个更容易被各方面所接受的、以事故防范（而不是责任追究）为根本目的事故报告机制，形成让恶意瞒报事故者无后台和无生存之地的客观环境，应成为当前更加有效地解决我国工伤事故瞒报问题的重要思路。

第八节 企业劳动安全卫生管理内容概要

企业日常劳动安全卫生管理的工作内容是以对劳动伤害（包括工伤伤亡和职业病）发生原因的认识为基础确定的。在日本，影响较大的劳动伤害致因理论主要有海因利希的骨牌顺序理论、博德的多重事件连锁理论、北川彻三的五阶段论、美国 NTSB[42] 的 4M 事故调查法结合而成的劳动伤害过程论等（如图 2—9 所示）。特别是 4M 事故调查法的应用较为普遍，即从 Man、Machine、Media 和 Management 这四个基本因素及其相互关系上认识劳动伤害的发生过程，并据此确定工作方向。4M 的内涵是：

Man——造成差错的人的因素；

Machine——机械设备的缺陷、故障等物的因素；

Media——作业信息、作业方法、作业环境等方面的因素；

Management——管理上的因素。

企业劳动安全卫生管理就是在认识了劳动伤害发生机理的基础上，针对 4M 因素展开的，目的在于通过消除或最大程度地减少可能导致伤害发生的四个方面的基本因素的影响，减少劳动伤害，保护员工的生命安全和身心健康。

---

[42] 美国国家运输安全委员会（National Transportation Safety Board）的简称。

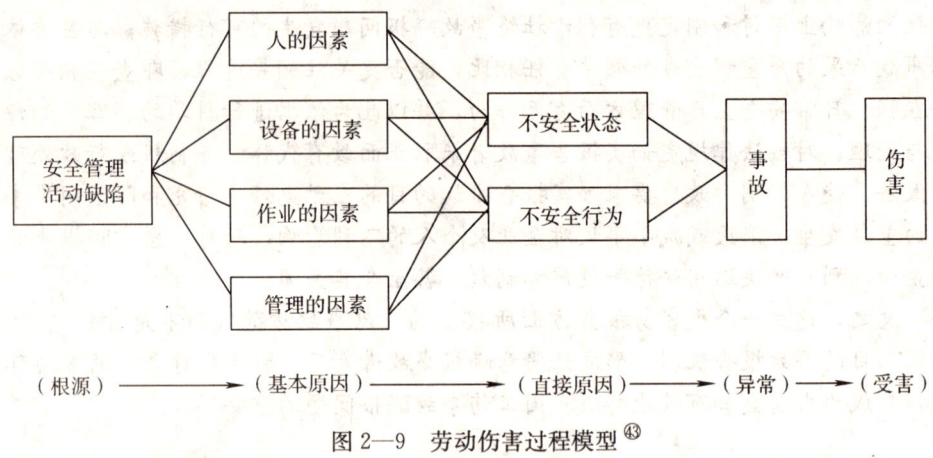

（根源）──→（基本原因）──→（直接原因）──→（异常）──→（受害）

图 2—9 劳动伤害过程模型[43]

一、针对 4M 因素的劳动安全卫生措施

1. 针对 Man 的措施

人的不安全行为的表现形式有多种多样，但都可以被归为四大类，即对劳动安全卫生要领表现出不知、不会、不做和做错。这些不安全行为之所以出现，通常与下列几方面问题密切相关：

心理问题。如，遗忘、烦恼、下意识、危险感觉、抄近反应、省略行为、猜测等。

生理问题。如，疲劳、睡眠不足、身体机能下降、酒精影响、疾病、年龄增大等。

企业人文环境方面的问题。如，与人际关系、领导能力、沟通能力、团队合作能力等有关的问题。

此外，设备状况、作业条件及作业方式、管理水平等也是对人的失误产生影响的重要原因。

所以，针对 Man 因素，日本的企业安全卫生管理工作着眼于认真分析人失误的心理原因、生理原因和人文环境原因，实施员工激励以鼓舞士气，进行保健指导，推行口呼手指安全确认及危险预知训练活动，促进良好的人际关系、顺畅

---

[43] 大関親. 新てい時代の安全管理のすべて（新时代安全管理大全）. 東京：中災防，2002：287.

沟通和团队合作局面的形成，提高领导的领导能力或影响力等。

2. 针对 Machine 的措施

针对机械设备的安全性问题，日本企业注意分析机械设备的整个寿命期间内各个阶段的危险特点，在此基础上特别强调本质安全化的作用，并把提高机械设备的本质安全化程度作为预防伤害事故的最基本对策。

机械设备在其整个寿命周期中反映出的安全问题主要有三个方面：一是本质安全化程度不高；二是结构、机体与控制系统的可靠性不高，耐久性不够；三是使用、维修与管理方法不当。为此，有必要实施涉及机械设备的研究计划阶段、设计阶段、制造阶段、安装阶段、使用阶段、维修保养阶段的系统安全管理。对于使用方而言，除了首先考虑选用本质安全化程度较高的机械设备以外，还实施缺陷设备通报制度、机械设备的禁令制度、危险设备的安全防护措施制度、定期或不定期安全点检制度以及安全警示标示制度等。

3. 针对 Media 的措施

针对作业环境、作业方法中存在的劳动伤害风险，企业主要是采取劳动卫生管理措施加以防范，包括尽可能全面地掌握作业信息，进行生产工艺、使用原材料、作业姿势或作业程序等的调整，开展员工工作疲劳预防活动，实施作业环境治理等。

4. 针对 Management 的措施

管理不善，是企业生产中常见的伤害致因。针对 Management 要素的措施主要有建立健全管理体制、制定劳动安全卫生规程和标准、制定作业计划、进行合理的工作安排、开展教育及培训、实施监督与指导、坚持开展现场安全活动、进行细致的员工健康管理等。

二、安全检查

《劳动安全卫生法》第 20 条规定，企业必须有预防下列危险的措施：一是由于机械、器具以及其他设备产生的危险；二是具有火灾爆炸危险性物质产生的危险；三是电能、热能以及其他能源产生的危险。该法第 21 条规定，企业必须针对挖掘、采石、装卸、伐木等作业的作业方式制定预防劳动伤害的措施；对有坠落、土石崩塌可能的作业场所必须制定必要的预防劳动伤害的措施。为了发现生产过程中来自设备设施或各种能源的危险性，必须实施企业安全检查，它是企业日常安全管理的重要工作内容之一。

日本企业在实施安全检查时强调两个要点：第一，安全检查不仅仅是针对设备设施的检查，而是对4M因素与伤害事故关联的全面检查；第二，安全检查的意义不在于单纯发现问题和处罚责任者，而是通过发现问题和对问题形成过程的追究，探讨并实施根本性的改善措施，达到预防事故的目的。因此，安全检查要按照把握作业环境、机械设备的实际状况→发现缺陷及问题→提出并确定改进措施→落实改进措施→改进后的安全确认的程序（循环）来进行，任何与改善无关的安全检查都是毫无意义的。

常见的安全检查形式有日常安全检查、定期检查、不定期检查和安全巡视等。以企业领导实施的安全检查与设备点检为例，就分定期自主检查、特定自主检查（由有资质的机构及人员实施）、作业开始前点检、地震等灾害后的临时点检、从事某些作业时的法定点检、受到劳动基准监督官的提醒警告后实施的点检、现场巡视、接受劳动安全卫生专家实施的安全诊断、施工单位的设备进入施工现场时点检等多种类型。

其中的设备点检是指作业者或检查者在作业进行前对操作的设备及其环境的检查，方法是根据企业制定的设备（环境）点检表的内容进行逐一检查。主要检查内容包括：温度、湿度、含氧量、尘、有毒气体浓度、爆炸、易燃气体、机器操作条件、工具材料堆放、楼梯扶手栏杆的缺陷、可能发生坠落物及撞击的物体状态等。根据生产设备的结构特点及其危险程度大小，点检可分为：

◆每日点检。作业开始时进行，根据需要决定每日点检或外观检查的次数。

◆每周点检。每天发生异常可能性较小的地方，每周对重要部位外观进行检查或根据特定需要进行。

◆每月点检。

◆定期点检（半年一次）。

◆每年定期点检等。

关于作业现场安全巡视，也分不同层级的一般巡视检查和特别巡视检查。如根据企业具体情况，由安全委员会成员进行全面的安全巡视检查。这种检查是根据制定的检查表进行，并涉及安全管理、安全技术、安全防护的各个方面，每年年中至少进行一次；由安全管理者（部长、课长）实施的巡视检查已成为经常性工作，有利于了解和掌握作业现场的变化情况，及时研究问题的解决对策；车间主任实施的巡视检查侧重于对重大危险源或最危险点的经常性检查；安全员实施的巡视检查是对所负责区域内的作业场所进行日常巡视检查和指导纠正违章行为等；班组长每班进行作业前实施的安全检查还包括对当班人员的精神状态、情绪进行询问检查，并对本班作业区域内及周围的危险点、重点危险源进行巡视检查。此外还有作业人员的自主安全检查，在进行作业前对岗位及周围环境进行安全检查，作业人员互相检查劳动防护用品的穿戴是否符合要求，互相关照和提醒有关安全的事项等。

在实施现场安全巡视时，强调事先制定巡视计划，准备必要的器材工具和编制安全巡视检查表。

同我国一样，日本企业实施安全检查或巡视时采用的主要工具也是包括检查项目、检查内容、检查结果、结果依据、整改建议等栏目在内的安全检查表。

三、企业劳动卫生管理

劳动卫生管理是以预防生产过程中各种有害因素对劳动者健康的危害，保护和增进劳动者的健康，创造更加舒适的劳动环境为目的实施的各种管理对策和技术对策的总称，主要包括健康管理、作业管理、作业环境管理和劳动卫生教育等内容，具有与劳动安全管理不尽相同的任务目标、学科依据和手段方法。

日本《劳动安全卫生法》第22条规定，经营者必须针对以下几方面危害健康的因素采取必要的预防措施：一是来自原材料、气体、蒸气、粉尘、缺氧空气、病原体等的有害因素；二是放射线、高温、低温、超音波、噪声、振动、异常气压等对健康的危害；三是使用精密仪器从事检测检验作业对健康的危害；四是废气、废液及废弃物对健康的危害。

由于因职业危险因素导致的员工死伤事故已得到了较好的控制（如图1—1所示），所以预防职业危害因素导致的慢性或隐性劳动伤害、加强劳动卫生管理、创造舒适的劳动条件就越发成为日本企业劳动安全卫生管理的重点。从近年来实施的法律法规，特别是厚生劳动省的一系列通告中不难发现，日本在劳动卫生管理上呈现出两个值得关注的特点：一是在员工健康管理中越发强调和重视员工的精神健康管理；二是重视劳动卫生管理与工伤保险制度的更紧密结合，如，对健康检查中被发现血压、血糖、血脂等异常的员工，以提供工伤保险待遇的形式实施二次健康检查，使两种制度在劳动伤害预防，特别是"过劳死"预防上能够互相补充，共同发挥作用。

1. 劳动卫生管理的内涵

劳动卫生管理主要由作业环境管理、作业管理和健康管理构成。它们相互关联，但职能、作用及实现途径各异。

作业环境管理是指运用工程手段改善作业现场劳动卫生条件来保护劳动者健康的活动，即主要通过工程技术手段消除或减轻作业场所中各种有害因素的影响，是从威胁员工健康的根源上入手的、最基本的劳动卫生措施。其任务是将作业场所空气中含有的有害物质浓度严格控制在无损于作业人员身体健康的水平上，因此它最关注作业环境中有害物质的种类及浓度。

作业管理是指通过改良作业行为本身减少作业环境中有害因素对劳动者健康影响的活动，即通过调整作业内容、作业方法、作业时间等因素或使用防护用具，使作业人员尽可能少地暴露在含有有害因素的作业环境中，以及尽可能少地接触有害物质，最大限度地降低来自职业危害因素的影响。因而，它更关注的是作业人员在有害物质环境中的"暴露"问题。

健康管理属医学范畴，主要是指针对那些未患病或未感觉异常的员工实施的、以确认其健康状态或确认是否患有未被发现的疾病的检查及诊断活动。因为尽管采取了作业环境管理或作业管理措施，也难以彻底排除有害物质经呼吸道或口腔、皮肤等途径侵入人体的可能，而由于员工个体差异的存在，使得在相同作业环境下，采用相同作业方法的人之间的承受能力呈现不同水平，因而，以预防为主的方针为指导、实施以健康检查为核心的健康管理是十分必要和重要的，它是预防有害物质对劳动者健康威胁的最后一道防线。

综上所述，作业环境管理、作业管理和健康管理是劳动卫生管理的三大主要内容，它们相辅相成、不可或缺，虽相互联系却不可相互替代。毫无疑问，成功的作业环境管理可以为作业管理和健康管理奠定良好的基础。因此，日本《劳动安全卫生法》的第七章首先从作业环境测定入手对劳动卫生管理进行了明确的规定，即要求企业从预防职业病出发必须对工作场所中的粉尘、放射性物质、某些特定的化学物质、金属、有机溶剂、噪声等实施测量和分析。

2. 企业劳动卫生管理

在使用含有害物质的原料进行生产时，这些有害物质有可能以粉尘、液体、蒸气等形态被排放到作业环境中，随着作业场所中有害物质浓度的积累，会使在现场工作的有害物质的平均浓度不断增高，其后果是作业人员吸进体内的有害物量增多，当超过员工的身体耐受极限时便使其健康受到损害。因此劳动卫生管理的关键是通过工程技术手段控制作业场所空气中有害物浓度的聚集量,通过劳动管理手段尽量减少人体暴露于有害物环境之中,例如,干磨法含有高量游离硅酸的矿物时,会产生多种危险粉尘,但如果改用湿磨法,便可明显减少粉尘的挥发量。这表明虽然使用同量的有害物质,但改变工艺后可以降低作业环境中有害物质的浓度;另外,通过使用呼吸保护器也可以减少人体吸入有害物质的量。总之,劳动卫生管理的关键还是在企业及其基层班组、在作业现场。企业作业环境管理由监督者、卫生工程学管理者、工长和主管人员负责;作业管理由作业现场的工长及主管人员负责;健康管理及健康教育由产业医生负责。除此以外,企业还成立包括劳动者代表在内的卫生委员会。

(1) 作业环境管理　作业环境管理是用工程技术手段将职业危害因素从作业环境中消除或将其控制在允许范围内的活动,它是所有劳动安全卫生对策中最基本的对策。日本强调的作业环境管理实施原则主要包括不使用有害物质或危险设备,消除有害工程的存在;将危险、有害物质密闭化;在考虑使用抑制浓度的装置之前先考虑湿式作业;作为最后的防线,使用浓度抑制装置或防护用具。有相关资料显示,在改善作业环境的工程技术手段中有一半多是采取改进局部通风及其装置方面的措施,只有不到20%的措施是涉及材料替换或改变生产工艺的。

以往人们多把劳动卫生管理聚焦在健康管理上,认为劳动卫生管理主要是以劳动医学为基础的健康管理,因而,尽管存在作业环境管理理论和法律规定,但却缺少推进作业环境管理的实质性行动。随着本质安全观念的不断深入,从作业环境着眼控制有害因素的存在及其作用程度的管理也得到了重视。作业环境管理的理念以明确的形式为行政工作部门所采纳,是从1972年实施《劳动安全卫生法》开始的,该法规定了以作业环境管理为前提的作业环境测定义务。应当说明的是,除对外部放射线辐射检测之外,日本对暴露量的检测没有做出规定,而是规定了企业只负有检测环境中有害物质浓度的义务。

根据作业现场环境的有害物质浓度,将作业现场分为三个等级,不同的等级对应着不同的劳动卫生管理要求,即第1级的企业,可以维持现有的劳动卫生管理;第2级的企业要对企业内设备、设施以及作业方法进行检查,根据检查结果提出作业环境改善措施;第3级的企业要对企业内设备、设施以及作业方法进行检查,根据检查结果必须制定作业环境改善措施,为员工配备必要的劳动防护用品,实施对员工的健康检查。

综上所述,作业环境管理的主要内容是利用工程学手段消除作业环境中的气体、蒸气、粉尘等有害物质,消除噪声、放射线、高温等有害能源的影响。为此，要定期对作业环境中的有害因素状况进行检测，及时把握作业现场实际作业条件，必要时加速实施改进措施。《劳动安全卫生法》第 23 条要求经营者必须使员工工作所在的建筑物及工作场所的通道、地面、楼梯等保持完好，要有通风、采光、照明、保温、防湿、保养、避难和清洁方面的必要措施以及其他保护劳动者健康、精神面貌和生命安全方面的必要措施。

法律要求劳动基准监督官在监察时，要确认企业有无实施作业环境检测及其结果，如属于第 3 级则要采取整改措施。企业必须迅速实施整改措施并要将结果向劳动基准监督官进行汇报。对采取整改措施迟缓且性质恶劣的企业将依法进行处罚。企业在改善作业环境时，可接受外部专家顾问的帮助，也可利用国家支援制度提供的低利息特别融资改善设备条件。

（2）作业管理 如前所述，劳动卫生管理中的作业管理是指从保护员工免受作业环境中有害物质的侵害、预防职业病的角度对作业本身实施的管理，为此，《劳动安全卫生法》第 24 条要求经营者必须制定预防措施，防止与劳动者作业活动本身有关的劳动伤害的发生。作业管理的主要内容包括劳动条件的管理、作业方法的改善、作业标准的改进、作业时间的管理、劳动防护用具的使用、作业指导及训练的实施等。具体从以下事项入手：

①作业量、作业强度的调整。
②作业姿势、动作的改良。
③紧张程度、单调程度的调整。
④工作时间、实际劳动时间、连续劳动时间、休息时间的安排。
⑤全年劳动时间、休息日、替换工作的安排。
⑥为减少员工在有害作业环境中的暴露程度，对作业程序及作业标准的调整。
⑦疲劳状况、精神压力的调查。
⑧劳动防护用具的选用、配置、检查及使用指导等。

可见，企业劳动卫生管理中的作业管理对策，主要是从防止作业疲劳和减少员工在有害作业环境中的暴露程度这两个方面考虑的。

（3）健康管理 员工的健康状态直接关系到其能否正常、高效、安全地工作，能否保持和提高工作质量及生活质量，为了防止劳动生产率低下、缺勤增加和工作失误增多等问题的出现，还必须要从员工的健康状态方面找原因，应将员工的健康管理问题直接与企业的安全卫生业绩相联系。因而企业健康管理工作的必要性和重要性也越来越突出了。

健康管理的体系主要由两大部分构成：一是以早期发现疾病为目的的健康检

查体系；二是以体检结果为根据对需要观察者或需要保护者采取的事后对策体系。为此，《劳动安全卫生法》第66条将实施员工健康检查并以此为基础实施适当的健康管理作为企业的法律义务加以明确规定。健康检查包括两大类：第一类是面向新雇佣人员实施的雇用时的全面健康检查和雇用后每年实施一次的定期健康检查；第二类是对从事与高温、高压或有害化学物质等有关的作业的员工实施的周期性特殊健康检查。《劳动安全卫生法施行令》的附表中详细规定了有害物质和有害作业环境的种类等。

值得注意的是，近年来随着竞争的加剧、就业形势的恶化以及不良生活习惯影响等原因，有心理疾患的、有精神压力或精神障碍的、得富贵病的人呈增加趋势。因而，如何加强员工的精神健康管理成为越来越多的企业关心的问题。

除了实施定期健康检查和周期性的特殊健康检查以外，企业员工健康管理的工作内容还包括以下几个方面：

①针对高龄员工的特殊管理。《劳动安全卫生法》第62条要求企业要根据高龄员工的特殊性，安排从事与其身心条件相适应的工作。

②针对有职业禁忌症员工的特殊管理。

③开展健康教育训练活动。

④开展保持和增进员工健康的活动。例如针对疲劳、吸烟、嗜酒、营养不良、滥用药物、锻炼不足、精神压力及精神忧郁等实施保健指导等（如图2—10所示）。

3. 疲劳预防及精神健康管理的强化

曾以"过劳死"一词和首开"过劳死"工伤认定之先河而闻名的日本，近年来正将"过劳死"预防研究的重点推向"疲劳——过劳——过劳死"链的先头部分，即疲劳研究上来，而且呈现出带有政府主导色彩的、具有战略性意义的研究态势。主要表现在：

第一，由政府组建疲劳项目研究班开展科研活动，从2001年开始到2007年的6年间，日本文部科学省投资15亿日元，实施了一个专门针对人员疲劳的医学性质的科研项目，由来自国内25所大学或研究机构的专家学者组成的"疲劳研究班"具体实施，主要研究内容包括疲劳的分子神经机理研究和疲劳抑制技术的开发，后者又包括疲劳度的定量评价法的开发和疲劳恢复法的创立及论证等。

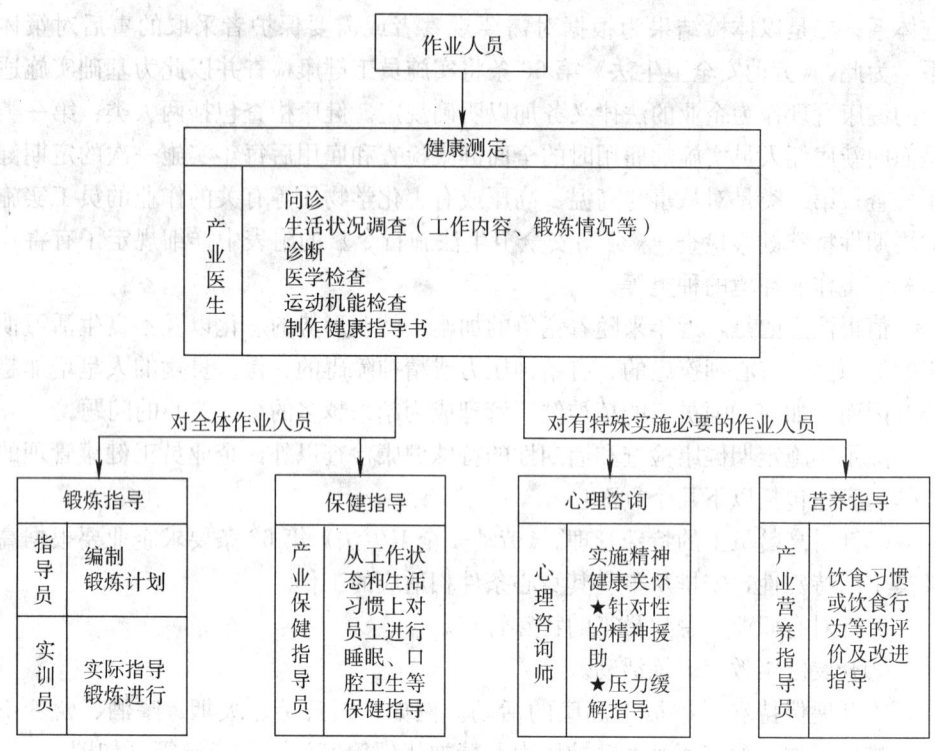

图2—10 保持及增进健康活动的示意图

2004年该研究班经过测算得出了疲劳或过劳造成的经济损失每年高达1.2兆日元[44]的结论。该项目的实施被认为是日本前所未有的、真正意义上的有关疲劳的医学研究活动的开始，对推动日本国内相关研究的发展特别是研究水平的提升具有十分重要的意义。

第二，"疲劳克服研究教育基地"的建成与疲劳研究专门人才的培养。为了提高大学的科学研究水平、培养能领先于世界的创造型卓越人才，日本文部科学省从2003年起实施了名为"21世纪COE（Center Of Excellence）工程"的超大型项目，为那些经过评估被认为有能力开展卓越人才培养的大学提供巨额的科研基地建设经费，使其在5～6年间建成具有某一专业特色的科研教育基地。其中一个就是2004年在大阪市立大学研究生院医学部建成的"疲劳克服研究教育基地"。因为同属日本文部科学省所管的项目，所以，该研究教育基地的建成是以

---

[44] 日本疲劳科学研究所主页序言 http://www.fatigue.co.jp/43.html, 2007-11-02。

"文部科学省疲劳研究班"的研究活动的开展及其成果为基础的。其工作目标被明确为：证明疲劳的分子实体和创建疲劳克服法。作为"疲劳克服研究教育基地"的三大组成部分，"国际疲劳研究中心"、"疲劳医治中心"和"抗疲劳食品药物开发中心"都从医学技术研究与开发的角度，在疲劳及其对策研究与应用上发挥重要作用。例如："疲劳医治中心"2004年12月曾首次被并入大阪市大学医学部附属医院的"生活习惯病糖尿病中心"内，试验性地开设了"疲劳"门诊。经过近半年的总结和调整后，于2005年5月12日起正式开设了"慢性疲劳门诊"，为解除疲劳人群或慢性疲劳综合征人群的疾苦发挥着实际作用。

第三，世界首个以"疲劳的量化"为目标的研—产—官研究体的结成。2003年11月，全世界首个以"量化疲劳并开发抗疲劳食品和药品"为目标的研—产—官研究体在日本大阪市正式结成。"研"是以大阪市立大学为中心的5所大学，"产"是包括9家制药化学公司、7家食品公司和2家商业公司在内的18家公司，"官"则是大阪市政府"健康预防医疗产业振兴机构"。该项目是通过客观的测试，发现疲劳的生态指标，然后找出基于它们的能预防疲劳或尽快消除疲劳的成分并制成食品或药品。

第四，疲劳研究机构的动态。除了上述疲劳克服研究教育基地和其他医科类院校开办的疲劳机理研究或抗疲劳方法的开发以外，日本还有多家官方或民间的研究机构或团体专门从事疲劳理论研究及包括抗疲劳制品、抗疲劳保健食品和药品在内的疲劳防御方法的开发。如，日本疲劳学会、疲劳科学研究所、综合医科学（疲劳）研究所、抗疲劳研究所、疲劳研究会、产业卫生学会、产业疲劳研究会等。其中值得一提的是创立于2005年4月的"日本疲劳学会"。它是一个将以往各自行事、互无往来的生理疲劳学会、疾病疲劳学会、慢性疲劳学会、职业疲劳学会等多家学会进行整合后形成的一个学术团体，宗旨为促进有关"人的疲劳"的学术交流与发展，提高对"人的疲劳"的整体研究成效和相关的管理水平及医疗质量。这种动向同样应引起人们的关注。

第五，劳动行政部门的对策。与上述由日本文部科学省推动的技术性疲劳对策研究相辅相成的是由日本厚生劳动省推动的疲劳综合对策的制定及实施。前者是以医学研究手段为特点的基于疲劳机理的研究，后者是以强调劳动管理的科学性和员工个人自主健康管理相结合为特色的。2002年2月，厚生劳动省制定了《防止过重劳动导致健康损害的综合对策》（基发第0212001号），从劳动时间管理以及在加班过程中的员工健康管理等方面提出了综合性措施。2004年，厚生劳动省在其官方网页上发布了由从业人员本人进行疲劳蓄积程度测试和由其家属为从业人员测试疲劳蓄积程度的测试表格。员工个人及其家属可以随时登录进行疲劳度的测试，对于他们增进健康危机防范意识、家属配合员工实施积极自主的健康管理起到了推动作用。2006年3月，厚生劳动省又重新修订发布了《防止过重劳动导致健康损害的综合对策》（基发第0317008号，以下简称《综合对策》），再次强调了综合对策制定的出发点是杜绝超时劳动和加强有效的员工健康管理。杜绝超时劳动有利于员工疲劳的恢复，加强有效的员工健康管理可以防止疲劳蓄积。从企业应当实施的员工健康管理内容和要求，从劳动基准局开设的窗口服务及指导内容，从如何实施该项活动的监督指导，从如何防止员工反复罹患职业性疾病等不同侧面，提出了防止疲劳造成员工健康损害的综合对策建议。

与此同时，厚生劳动省要求企业要将切实落实《劳动安全卫生法》与实施《综合对策》有机地结合起来。那些无视员工健康管理、安排过重劳动造成员工健康损害的责任者、触犯了劳动安全卫生法的用人单位，都将受到法律制裁。

2006年4月修订生效的《劳动安全卫生法》，包括了强化员工精神健康管理方面的修改内容，如针对员工工作负担增加、工作时间延长的局面，增加了压力管理或精神健康保护的规定，要求经营者必须制定有关制度，确保员工工作负担超过一般月平均量、必要时可接受心理医生的心理咨询等。由此可见企业劳动安全卫生管理重点的转移。

四、现场安全活动

通过持之以恒地开展多种现场安全活动，不断提高员工安全意识和安全技能，激励员工的安全责任心，这是日本企业安全卫生管理的一大特色，在世界范围内也具有较大影响。

现场安全活动有多种形式，主要包括：

◆5S运动。
◆安全早礼。
◆工作前安全碰头会。
◆安全巡视。
◆未遂事故报告制度。
◆安全建议制度。
◆零事故运动。
◆手指口呼活动。
◆危险预知活动。
◆每日施工安全活动循环（从安全早礼开始到晚间安全确认为止）。

◆建设业工长会。

◆互相提醒运动（主要在建设业）。

◆事故研讨会。

◆安全行动目标的自我申报制度。

◆"消灭最差的 10 个"运动。

◆安全诊断员制度。

◆安全值班制度。

◆安全小组运动等。

上述活动内容，特别是5S运动、零事故运动、危险预知训练、手指口呼安全确认活动、班组安全会议等内容已为我国企业界人士所熟知。

第三章

日本工伤保险体制研究

截止到 2009 年 12 月底,日本针对工作伤害补偿的社会保险制度一共有 4 种,它们分别适用于不同的人群。即以一般工薪劳动者为适用对象,由政府厚生劳动省主管运营的劳动者灾害补偿保险制度(建立于 1947 年 4 月);以船员为对象,由厚生劳动省负责管理运营的船员者灾害补偿保险制度(建立于 1947 年 9 月。从 2010 年 1 月开始,合并到一般的劳动者灾害补偿保险制度中);以国家公务员为对象,由政府内阁人事院主管的国家公务员灾害补偿制度(建立于 1951 年 6 月);以地方公务员为对象,由各地方自治体主管、依靠地方公务员灾害补偿基金维持运营的地方公务员灾害补偿制度(建立于 1967 年 8 月)。此外,还有民间商业保险机构提供的工伤保险项目,包括强制性的雇主责任险和非强制性的工伤补充补偿保险。本章仅就其中的劳动者灾害补偿保险制度进行展开,对应我国的相关制度名称,将其翻译为工伤保险[①]制度。

工伤保险制度是社会保险制度体系中最具特殊性的一个制度,它与养老保险、医疗保险等其他社会保险制度的最大不同之处体现在强调保险事故与工作业务的直接关联、实施雇主的无过失赔偿原则、劳动者个人不缴费(极个别国家除外)和执行高于其他社会保险制度的赔付标准等几个方面。值得关注的是,日本的工伤保险制度在具有各国工伤保险制度皆有的特点之外,还表现出其独有的特征。尽管中日两国的工伤保险制度的性质在初创期有所不同,且各自制度的产生

---

① 此处应提请留意的是,虽然我国常用"工伤保险"来简称日本的"劳动者灾害补偿保险制度"(即劳灾保险制度),使之与我国的制度名称相对应,但不难看出,在各国制度名称反映制度性质的程度方面,日本的更为明晰。

第三章 日本工伤保险体制研究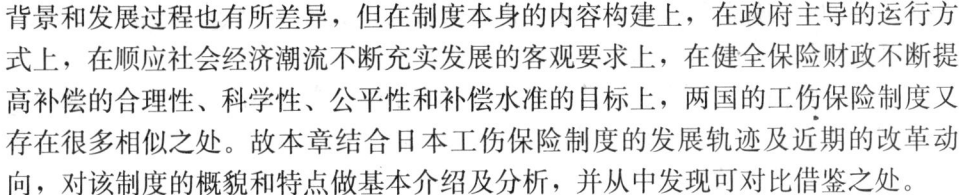

背景和发展过程也有所差异,但在制度本身的内容构建上,在政府主导的运行方式上,在顺应社会经济潮流不断充实发展的客观要求上,在健全保险财政不断提高补偿的合理性、科学性、公平性和补偿水准的目标上,两国的工伤保险制度又存在很多相似之处。故本章结合日本工伤保险制度的发展轨迹及近期的改革动向,对该制度的概貌和特点做基本介绍及分析,并从中发现可对比借鉴之处。

第一节 工伤保险立法与修订

一、工伤保险制度的形成

工伤保险制度是社会保险制度的组成部分之一,是指国家通过立法建立的、保障在工作过程中负伤、致残、死亡或患职业病的从业人员或者其直系亲属能及时地获得医疗救治和经济补偿的一种社会保险制度。它对保障工伤职工或者其直系亲属的合法权益、分散工伤事故风险、促进企业劳动安全健康管理水平的提高、促进劳动力的合理流动和企业间的公平竞争、维护社会安定和促进社会经济发展都具有重要意义。工伤职工或者其直系亲属享受工伤保险待遇的权利是由国家宪法和劳动法给予的根本保障。

世界上第一部工伤保险立法是1884年在德国诞生的《工伤保险法》。随后英国于1897年、法国于1898年、瑞典于1901年、美国于1911年也相继制定了《工伤保险法》。这些早期的工伤保险立法的背景,一是19世纪末20世纪初伴随着工业化生产的发展而出现的工伤事故大增的局面,二是当时只在类似于英国的《使用者责任法》中规定的对工伤劳动者的补偿办法实际上将大多数工伤劳动者排斥在补偿对象范围之外,已经不能适应当时的社会形势,特别是劳资关系变化发展的要求。因为这种补偿办法是根据有过失赔偿原则来规定的,它意味着工伤劳动者如果要获得赔偿就必须在法庭上胜诉,即首先排除"原告过失"、"同事过失""自担风险"而立证说明事故的发生是因雇主过失所致。这种明显将劳动者置为劣势的规定是极不公平的,受到劳动者和代表劳动者利益的、日益强大起来的工会组织的强烈批判和奋起抗争,并最终取得了重要成果。作为工人运动成果之一的工伤保险制度开始登上历史舞台。当然,除了强大有力的工人运动方面的原因以外,工伤保险单独立法的实现也与社会改革者们的作用和劳动者、雇主、保险公司间的利益协调有着一定的关联。如,绝大多数国家在实行了以无过失赔偿为原则的工伤保险制度的同时也使得劳动者放弃了以普通法为依据起诉雇主过失责任的权利。

工伤保险制度创立之初，其适用范围仅限于个别事故风险较大的行业及具有一定规模的企业，工伤认定范围和给付标准也比较有限。为了适应技术进步、经济发展、劳动关系的变化带来的新需求，各国的工伤保险制度都经历了或正在经历不断的改革，如今所实现的广泛的制度适用范围、多样的给付项目和较高的给付标准都是制度诞生初始所无法企及的。实际上，人们已经注意到，几乎各国的工伤保险制度里都融入了越来越多的带有福利色彩的内容，围绕制度性质的争论也一直存在。但是有一点是毫无疑问的，诞生于各资本主义国家的工伤保险制度，当初无一例外地都是以雇主损害赔偿责任问题为出发点的。有的国家的工伤保险制度甚至直接被命名为劳动者灾害补偿保险制度，顾名思义，这是一个对雇主的工伤赔偿责任进行担保的制度。日本就是其中的典型代表。

二、工伤保险立法

1. 战后首次工伤保险立法

日本战后首次工伤保险立法是1947年4月7日完成的，形成的法律是《劳动者灾害赔偿保险法》（1947年法律第五十号）。这是一部部分借鉴或吸收了二战前与工伤赔偿有关的《矿业法》（1906年）《工厂法》（1912年）《健康保险法》（1923年）《劳动者灾害扶助法》（1931年）《劳动者灾害扶助责任保险法》（1931年）以及《劳动者年金保险法》（1941年）等有关条款，且与1947年制定的《劳动基准法》有着密切关系的法律。

该法律的实施结束了以往工伤医疗赔偿依据《健康保险法》、伤残赔偿依据《劳动者年金保险法》的做法，将工薪劳动阶层的业务灾害赔偿规定统一到了专设的工伤保险制度中。

2. 工伤保险立法

日本在制定工伤保险法以前，无论因工与否，负伤或生病的员工都可以通过医疗保险制度获得相应的赔偿，残疾者或亡者遗属都可以通过年金保险制度获得残疾年金或遗属年金支付，之所以还要建立一个专门的工伤保险制度，是因为鉴于越来越多的国家相继确立了针对工伤事故的雇主无过失赔偿原则，日本也在1947年制定的《劳动基准法》中第一次明确了这个原则，该法第八章"灾害补偿"中的第 75 条②规定了雇主对工伤职工负有无过失赔偿责任,即无条件赔偿责任,根据这个规定,职工无须立证自己是否对事故的发生负有责任,只要是由于工作原因受到伤害的,都有权利向雇主申请赔偿,然而,受害职工也极有可能由于企业破产、赔偿费用过大、雇主逃匿等原因而得不到实际的赔偿,致使工伤职工在无过失赔偿的原则下均有获得赔偿的权利之说形同一纸空文。日本的《工伤保险法》正是为了防止这种情况的出现而被作为《劳动基准法》第八章的执行保证法与之同时出台的。即政府利用保险机制将雇主的个别工伤赔偿责任转化为雇主集团性赔偿责任,通过强制实现雇主间的职业伤害风险共担,来保证每一位雇主的无过失工伤赔偿责任得到确切的落实。

依据该法律规定,当工伤职工或其遗属能够从工伤保险给付中获得应有的赔偿时,企业的雇主就可以被免除《劳动基准法》第八章中规定的相关的赔偿责任及部分民事损害赔偿责任。

当初,工伤保险法与《劳动基准法》第八章规定的适用范围、劳动灾害赔偿项目及支付标准都基本相同,工伤职工或其遗属的权益是通过执行这两个法律(加入了工伤保险制度的企业依据工伤保险法、未加入的企业依据《劳动基准法》对受害劳动者实施赔偿)得到保障的。但是,随着工伤保险法的频繁修订不难发现,它对《劳动基准法》中规定的有限的工伤赔偿内容起到了越来越明显,且非常重要的补充作用。

《劳动安全卫生法》是将《劳动基准法》第五章的条款进行变更、补充、分离后单独立法的产物,而《劳动者灾害补偿保险法》则是为使《劳动基准法》第八章中规定的雇主赔偿责任能够落实并行,而同时制定的一个责任担保法。由于多次修订,使得工伤保险法中的赔偿范围、赔偿水准都远远高于《劳动基准法》中的相关规定,所以后者关于工伤赔偿部分的内容已逐渐失去实际意义了,但它仍是确立企业主对工伤职工的无条件赔偿责任的重要法律依据。

三、《工伤保险法》的修订

日本的《工伤保险法》从颁布实施后的第二年起,就开始了颇为频繁的修订进程,迄今为止已修订了 50 多次。其中最具代表性的修订引发了日本国内对工伤保险制度性质的学术争论。

---

② 《劳动基准法》第 75 条内容的大意是:劳动者工作中负伤或患病时,雇主必须使其接受必要的治疗并必须支付所需的治疗费用。

1952 年的修订——实现了工伤保险给付金额随工资的变动而浮动。

1960 年的修订——变 1 年半为最长赔付期的有期赔偿为对重度伤残者（致残程度 1～3 级）的长期赔偿，且国家财政开始支援这种长期赔付。

1965 年的修订——将长期伤残赔偿的支付对象从伤残等级 1～3 级扩大到了 1～7 级；建立了遗属赔偿年金制度；国家财政从部分负担 1～3 级重度伤残者的长期伤残赔偿扩展到支付工伤保险机构的事业经费和不限项目地参与保险赔付；建立了工伤保险特别参保制度，将制度的适用范围扩大到了希望参保的中小企业主、个体工匠、手艺人及出国工作者等人群；强化了工伤职工的保险待遇享受权，规定无论企业主是否履行了参保手续或是否缴纳了保险费都不影响工伤职工享受应有的保险待遇（当然也同时规定了对此类企业主的惩罚措施）等。这次修订中改革内容最全面、最深入、最引人注目，被部分日本学者称为最具根本性的改革，并且成为工伤保险制度向生活保障福利制度"变质论"形成的重要根据。

1968 年的修订——被称为全面适用的改革，即工伤保险制度的适用范围从土木建筑业及一定规模以上的制造业扩大为有雇工的所有行业，要求除不满 5 人的零星企业可暂时自愿参保以外，其他企业都必须执行工伤保险法。

1969 年的修订——制定了有关劳动保险费的征收法律，实现了工伤保险与失业保险的适用范围及保险费征收的一体化。

1970 年的修订——使得工伤保险赔付标准达到了国际劳工组织（ILO）121 号条约《关于劳动灾害赔偿的条约》规定的标准。

1973 年的修订——上下班事故被纳入工伤事故的认定范围。

1974 年的修订——提高了遗属赔偿年金及伤害赔偿给付费标准，设立了针对工伤职工或其遗属的特别给付金制度；伤残赔偿一次性给付金、遗属赔偿一次性给付金及预付遗属赔偿一次性给付金的支付额也开始实行随工资指数变化的浮动制。这次改革使得日本的工伤保险赔付标准超过了 ILO121 号条约的规定，达到了 ILO 针对先进国家制定的 121 号劝告标准中规定的工伤保险支付水平。

1976 年的修订——规定工伤保险制度除了实施保险赔付以外还要大力发展劳动福利事业，其内容包括兴建安全卫生教育中心和康复中心等设施、对工伤职工的子女提供教育支援及对工伤受害者或其遗属提供特别支援、垫付职工由于企业倒闭而被拖欠的工资等。

1980 年的修订——一是放宽了赔偿金额随工资变化率浮动的启动条件（对工资变化率的要求从 10％降为 6％）；二是提高了遗属年金的赔偿标准；三是建立了对因工伤残者提前支付一次性伤残赔偿养老金的制度；四是建立了对尚未领足养老金总额就故去的因工伤残者的遗属支付养老金差额的制度；五是建立了工

伤保险与工伤事故民事损害赔偿制度间的调整机制，使因企业主的故意或重大过失导致的事故中伤亡的受害者在享受工伤保险赔偿的同时还能获得民事赔偿。为了避免重复支付，还同时建立了必要的制度间的协调办法。

1986年的修订——除改善了工伤歇工赔偿和上下班事故赔偿待遇以外，还在与养老金相关的工伤保险赔付方面对不同年龄层分别规定了日基础赔付额的上下限值、取消了服刑人员的工伤歇工赔偿支付、建立了向故意或因重大过失未办理参保手续且在该期间内发生事故的企业的企业主征收全部或部分保险赔付费用的制度。

综上所述，20世纪80年代，日本工伤保险制度的改革重点是在改善保险待遇的同时力图纠正保险支付过程中的不公平及不平衡现象。此外，日本工伤保险制度发展的特点还体现在参保企业数和职工数持续增加，且这种增加随行业结构的变化而变化的走势非常明显。如制度创建之初参保的制造业企业最多，占70%以上。之后建设业企业开始增加，到20世纪80年代末已经超过了20%。增加最为显著的是以服务业为中心的第三产业，其参保企业数由制度初创时的零发展到20世纪80年代初期的40%以上。再有从保险赔付的支出倾向来看，对重度伤残者赔偿制度的改革带来的影响已经开始显现。由于从实行1年半的有期赔偿改为实行生存期内的长期赔偿，保险赔付方面所形成的伤残赔偿、歇工赔偿、疗养赔偿和遗属赔偿四大块较为均等的支出状态已经不复存在，30%左右集中在伤残赔偿支出。

20世纪90年代的改革再次表明工伤保险制度同样是一种反映社会经济形势变动的晴雨表。经济的全球化及信息化的进展、高龄化和家族化的加剧、女性就业率的提高及其所带来的家庭护理能力的低下等现实，都构成了工伤保险制度改革的背景原因。在20世纪90年代的工伤保险法修订中最应该关注的是1995年3月的改革。

1995年3月的工伤保险法修订——除了有改善遗属养老支付等方面的内容以外，还放宽了工伤保险特别参保的许可规定，不仅在日本国内的中小雇主可以加入该保险，在国外发展的中小雇主也被纳入了海外派遣特别参保者的范围；针对家庭护理能力低下的倾向，这次改革增加了针对需要护理的重度工伤受害者的护理赔偿支付制度，形成了应对新的社会经济发展局面的一个重要良策；其后续效应带来了工伤职工家庭护理服务业、家庭护理住宅资金借贷制度、护理器械的租赁业等劳动福利事业内容的拓展。所以说这次改革的意义是十分深远的。

2000年后着手进行的以预防过劳死为重点的改革体现了工伤保险将视角扩大到了包括精神伤害赔偿在内的更为全面的伤害赔偿之特点。从2000年度过劳死工伤赔偿请求件数远远超过前两个年度（1998年度466件，1999年度493件，2000年度617件）这一事实不难理解，因对工作或职业生涯的强烈不安、烦恼或身心疲惫等原因造成的"过劳死"及"过劳自杀死"问题或因工作压力带来的对员工精神健康的损害问题的严重性前所未有。工伤保险制度如何应对才能有效地促进过劳死预防等课题被提上工伤保险审议会的首要议程。该审议会2000年1月提出了为预防工作原因导致的脑、心脏疾患的发病应该创设新的保险支付项目的建议。政府接受了这个建议，从2001年4月开始，在工伤保险待遇中新增了"二次健康检查等给付"项目，即对在惯例健康检查时被判断为脑或心脏疾患发病风险较大的员工免费提供再次检查或特殊保健指导等。由此可见，日本的工伤保险制度已经发展到从实际伤害赔偿扩展到预防伤害发生的支付、从身体伤害赔偿扩展到精神伤害赔偿的重要阶段。

近年来，IT技术的迅速发展和普及在改变人们日常生活内容和交流方式、提高人们文化生活质量、促进生产—物流—消费的低成本及合理高效化的同时，也给日本工伤保险制度的改革带来了新的课题。因为就业观念的变化使越来越多的人选择了利用所掌握的IT技术优势在家中独立开业，同时服务于不同企业或从事自我满足式的劳动，由此带来了确认劳资关系及存在形态上的困难。此外，越来越多的公司为了满足员工照顾自己的幼龄子女或护理长期多病的父母以减少社会负担的需要而允许他们每周有1~2天在家工作；越来越多的公司开始放开对员工从事兼职（副业）的禁令，使得兼职就业者逐渐增加；越来越多的人为了实现服务社会、献身社会的理想和抱负而义务工作着等。这些社会成员在工作过程中特别是在家中工作的过程中发生的工伤事故如何看待、认定和处理。从以下列举的近期的改革内容可以看出，日本工伤保险制度的改革正以如何适应新的时代背景带来的就业形态的多样化为重点开展着：

第一，2004年3月厚生劳动省颁布了"有关适当采用使用信息通信设备者在家工作制的指导意见"[③]，其中规定了对有明确雇佣关系的、部分时间在家工作的公司员工的事故赔偿原则，即强调伤害的发生与工作内容及时间上的相关性。

第二，2005年日本国会讨论通过了缓和上下班事故的工伤认定条件的决定。新的认定制度将以前的"员工在居住地与工作场所之间的合理线路往返通勤过程中发生的交通事故"和"单身赴任者从家属居住地到工作场所路途间发生的交通事故"之规定改为"有兼职的员工从本单位工作场所到兼职工作单位的工作场所

---

③ （「情報通信機器を活用した在宅勤務の適切な導入及び実施のための指針」）http://www.mhlw.go.jp/houdou/2004/03/h0305-1.html。

间的移动过程中"、"单身赴任者从赴任地的居住地到家属所在地的居住地间的移动过程"发生的交通事故均可作为工伤事故加以认定。

第三，体现服务业意愿的进一步细化后的行业差别费率制度从 2006 年度开始实施。

……

总之，经过数十次修订，日本的工伤保险不仅在保障工伤受害职工或其遗属的切身利益和合法权益、分散职业伤害风险、维护社会安定等方面发挥着越来越重要的作用，使制度在保险赔付的"量"的意义上得到不断改善，更为重要的是它们带来了有可能影响到制度的"质"发生变化的某些效果。实际上，从 20 世纪 60 年代起，围绕制度性质的定论所进行的学术大讨论[④]早已开始。

四、工伤保险法的基本构成

目前，工伤保险制度的法律依据是 2007 年 4 月 23 日修订的《劳动者灾害补偿保险法》（法律第 30 号），由以下七章及附则构成：

第一章　总则（第 1 条～第 5 条）
第二章　保险关系的成立与消亡（第 6 条）
第三章（一）保险给付
　　第一节　通则（第 7 条～第 12 条第 7 款）
　　第二节　业务伤害的保险给付（第 12 条第 8 款～第 20 条）
　　第三节　通勤事故的保险给付（第 21 条～第 25 条）
　　第四节　二次健康诊断等给付（第 26 条～第 28 条）
第三章（二）社会复归促进等事业（第 29 条）
第四章（一）费用负担（第 30 条～第 32 条）
第四章（二）特别参保（第 33 条～第 37 条）
第五章　不服申诉及诉讼（第 38 条～第 41 条）
第六章　其他事项（第 42 条～第 50 条）
第七章　罚则（第 51 条～第 54 条）
附则

---

④ 围绕着工伤保险制度性质的三种论点是：坚持工伤保险本来的主旨的"伤害赔偿责任担保论"、带有福利性质的"生活保障论（社会保障论）"以及二者兼有的"重叠论"。见下节。

各章涉及的主要内容概述如下:

1. 第一章"总则"的主要内容

第一章"总则"中主要明确了以下三个方面的内容:

(1) 明确了实行工伤保险的目的(第1条)　建立工伤保险的目的在于对因工作原因或上下班事故而导致负伤、患病、伤残或死亡的工人提供及时、公正的保护,促进负伤或患病职工的康复,确保合理的劳动条件,增进和提高职工的福利待遇。

为确保上述目的的实现,该法还在第2条第2款中规定工伤保险除对伤病者支付工伤保险金外,还要积极开展劳动福利事业。

(2) 规定了该制度的保险者(第2条)　《工伤保险法》第2条规定工伤保险制度由政府负责掌管,即明确了该保险制度的保险者是国家。

(3) 规定了工伤保险的适用范围(第3条)　《工伤保险法》第3条规定,凡雇用了"劳动者"的企业均是《工伤保险法》的适用企业(但船员所在的企业、国家和地方政府的直营企业不在该法的适用范围内)。所谓"劳动者",是指《劳动基准法》中定义的与企业或事务所之间有明确的使用和被使用关系的,且领取工资的人。正式工、临时工、打工的学生甚至非法滞留就劳的外国人等均在其列。

工伤保险制度是以企业为单位参保的,法律要求即使只雇用一名职工的企业也必须参保。但在具体实施过程中,日本仍允许少量暂定任意适用企业的存在。即日本政府将企业分为工伤保险的强制适用企业和暂定任意适用企业两大类。暂定任意适用企业的规定是针对一部分农、林、水产业的实际状况设立的,除此以外的其他企业或营业所都为强制适用企业。暂定任意适用企业主要包括:

①平常雇用人数不足5人的个体农业企业(从事一定的危险作业或有害作业的除外);

②平时不使用雇工或每年累计用工数不足300人的个体经营的林业企业;

③以使用不超过5吨的渔船,在很少发生事故的河川、湖泽或特定水面上作业为主的,且平时使用雇工数不足5人的个体水产业。

但对具有法人资格的任意适用单位以及被厚生劳动大臣、地方劳动局或劳动基准监督署认为发生工伤事故可能性较大的单位,都可能成为强制适用企业。

2. 第二章"保险关系的成立与消亡"的主要内容

《工伤保险法》第二章的文字内容只有一条,即第六条"有关保险关系的成立与消亡，按《征收法》的规定办理"。因此，这里介绍的是在日本被简称为《征收法》的有关内容。该法律的全称是《关于劳动保险的保险费征收法律》（1969年法律第84号），由以下七章构成：

第一章　总则（第1条～第2条）
第二章　保险关系的成立及消失（第3条～第9条）
第三章　劳动保险费的缴纳手续（第10条～第32条）
第四章（1）劳动保险事务互助（第33条～第36条）
第四章（2）与行政手续法的关系（第36条第2款）
第五章　不服申诉及诉讼（第37条～第38条）
第六章　其他事项（第39条～第45条第2款）
第七章　罚则（第46条～第48条）

依照该法律第二章第3条和第4条的规定，工伤保险的强制适用企业无须办理任何申请加入手续，从注册成立之日起，其劳动保险关系中的工伤保险关系就自动成立，也就是说，在法律上自然就与工伤保险主管部门确立了工伤保险关系。但是，雇主必须在开业十日以内，向政府申报企业成立的时间、企业主姓名、住所、单位名称及生产营业场所等厚生劳动省规定的有关事项。

该法律第二章第5条对保险关系的消亡所作的规定是：已经具有保险关系的企业被废业或自行废业时，其原有的保险关系从企业消亡的第二天开始也自动消失。

日本的《工伤保险法》规定，工伤保险制度除了向工伤受害者或其遗属支付保险补偿以外，还要大力开展与促进受害者社会复归、增进对受害者或其遗属的援助以及与改善劳动条件等内容有关的劳动福利事业。因而，工伤保险法中是将"保险给付"和"劳动福利事业"一同作为第三章的内容来处理的。

3. 第三章（2）中规定的"劳动福利事业"的主要内容

《工伤保险法》第29条对劳动福利事业的类别进行了如下四种界定：

第一种，促进工伤职工社会复归的事业。包括术后修复、假肢等辅助器具的支付和工伤治疗设施、疗养设施及康复设施的设置及运营等与促进工伤职工社会复归有关的事业。

第二种，对工伤职工或其遗属提供援助（特别支付金）的事业。这些援助包括对工伤职工治疗期间生活上的援助、对在自家休养的工伤职工提供护理费支援、向工伤亡者的遗属提供就学支援以及向工伤职工或其遗属提供必要的资金借贷援助等。

第三种，确保劳动者安全及健康的事业。包括向企业主提供以防止劳动灾害为目的的活动经费的援助、对建立以职业病防治为目的的健康诊断设施提供支援、振兴以预防工伤事故为目的的科学研究工作等与保障劳动者安全与健康有关的事业。

第四种，以确保正当的劳动条件为目的的事业。如，确保工资支付、对雇主提供有关确保劳动条件方面的事项的指导及支援等。

根据《工伤保险法》施行规则第43条的规定，日本每年用于劳动福利事业的费用及工伤保险事业的业务经费不超过工伤保险收入的22/122（不包括特别支付金给付）。

日本《工伤保险法》的第四章是对费用负担进行的明确规定。为了便于在后面对各类参保者的费用负担进行说明，此处先简要介绍日本工伤保险的特别参保制度。

4. 第四章（2）中对"特别参保"的主要规定

所谓特别参保，是指在不与工伤保险基本原则相抵触的前提下允许那些虽不是纯粹的薪金劳动者，但从其工作特点、通勤事故及伤害事故发生的实际情况来看又可以参照工伤保险法的规定来处理的人参保的制度。这些人被称为工伤保险制度的特别参保者，按其所从事工作业务的特点分为以下三类：

（1）第一类特别参保者　为中小企业雇主及其从业家属。即雇用一定人数以下的薪金劳动者的雇主、与一般薪金劳动者一样从事日常工作业务的雇主的家属。

（2）第二类特别参保者　第二类特别参保者分为以下两大类：

①从事以下业务、无雇工的个体工匠及其从业家属　包括个体运输户；木工、泥瓦匠、脚手架工等建筑业人员；用渔船从事水产物捕捞作业的人员；林业作业人员；医药品配备销售人员；以再生为目的的废物回收、搬运、筛选、解体作业人员。

②从事特殊作业的人员　包括从事农业关联作业的人员、负责实施国家或地方公共团体培训活动的人员；《家内劳动法》的适用者且从事特定作业的人员；劳动互助组织内的职员；从事护理工作的人员。

（3）第三类特别参保者　专指被派往海外工作的员工。

5. 第五章"不服申诉及诉讼"的主要内容

对于保险给付决定不满意的工伤职工或其遗属，可以依据《工伤保险法》第五章第 38 条提出申诉或提起诉讼。即他们可以先向就职于地方（都、道、府、县）劳动局、被以厚生劳动大臣名义任命的工伤保险审查官提请审查，当对审查官做出的决定仍不满意时，还可以再向以总理大臣名义任命的、厚生劳动大臣设立的由 9 名委员组成的劳动保险审查会提请复审。此时原则上由 3 名被指名的委员来进行复审，2 人以上的结论一致时即可作出复审决议。特殊情况下需由 9 名委员共同进行合议，5 人以上的委员得出相同结论时即可作出复审决议。

另外，根据《工伤保险法》第 40 条的规定，除非超过了规定时限仍未得到裁决结论或出现了紧急情况，工伤职工或其遗属欲就待遇给付决定提起诉讼时必须要在劳动保险审查会作出裁决之后才可进行。

6. 第六章"其他事项"中的主要内容

在这一章中，除了规定对工伤保险的相关文书不征收印花税（第 44 条），有关地方行政部门要为前来办理申请工伤保险给付所需证明的工伤职工或其遗属免费出具证明（第 45 条），行政厅可以按照厚生劳动省令的相关规定要求雇主、劳动保险事务互助组织及相关团体提交实施工伤保险制度所必需的各种报告、文书或要求他们亲自到场（第 46 条）等多项内容以外，最先涉及的是工伤保险给付申请的时效问题（第 42 条）。即如果工伤职工或其遗属在规定的时间内不去申请工伤保险给付，那么法律上赋予的工伤保险待遇享受权就会自动消失。相对于日本一般债权的 10 年时效而言，工伤保险制度的时效规定只设定了 2 年和 5 年两种。

时效为 2 年的给付项目有起因于工伤事故的疗养补偿给付、休工补偿给付、丧葬费、护理补偿给付和起因于上下班事故的休工给付、丧葬给付、护理给付；二次健康诊断等给付。

时效为 5 年的给付项目有"伤残补偿给付""遗属补偿给付"和"伤残给付""遗属给付"。

但是，对于不需当事者本人申请、而由劳动基准监督署署长职权所决定的给付项目，如伤残补偿年金及伤残年金（起因于上下班事故）的受给权，从一开始就不存在与工伤保险制度有关的申请时效问题。故其受给权的时效不按《工伤保险法》而是作为公法上的金钱债权事项按照会计法的规定实行 5 年时效期。

此外，伤残补偿年金一次性预付金、遗属补偿年金一次性预付金、伤残年金一次性预付金及遗属年金一次性预付金的申请权为 2 年有效，伤残补偿年金差额一次性支付及伤残年金差额一次性支付的申请权为 5 年。

7. 第七章"罚则"的内容

该章第 51 条明确了对违反《工伤保险法》第 46 条和第 48 条第 1 款规定的雇主、劳动保险事务互助组织或有关团体的代表者等处以 6 个月以下的惩罚劳役或 30 万日元以下的罚款的惩罚办法。所谓"违反《工伤保险法》第 46 条和第 48 条第 1 款规定"的内容是指：第一，不执行行政厅提出的与实施工伤保险有关的规定（进行必需的报告及提交文书等），不报告或进行虚假报告，不提供文书或提供有虚假记录的文书；第二，对按照第 48 条规定进入工作场所、提问相关人员及要求进行账簿或其他物件检查的行政厅工作人员的询问拒不回答或做虚伪陈述以及拒绝、妨碍或躲避检查。

第 53 条明确了对违反工伤保险法第 47 条、第 48 条第 1 款和第 49 条第 1 款规定的雇主、劳动保险事务互助组织或有关团体的代表者等处以 6 个月以下的惩罚劳役或 20 万日元以下的罚款的惩罚办法。此处所涉及的违法行为包括：

第一，违反《工伤保险法》第 47 条第 1 款有关进行工伤保险制度所需的报告、申请、提出相关文书及其他物件等规定，不报告、不申请或进行虚伪的报告或申请的；不提交文书及物件或提供有虚伪记录的文书的。

第二，对按照第 48 条规定进入工作场所、提问相关人员及要求进行账簿或其他物件检查的行政厅工作人员的询问拒不回答或做虚伪陈述以及拒绝、妨碍或躲避检查的。

第三，违反第 49 条第 1 款的规定，不对工伤医疗的有关事项进行报告或进行虚假报告的，不提示相关的治疗记录、账簿及其他物件的，或拒绝、妨碍、躲避依据第 49 条第 1 款规定实施检查的行政厅职员的。

此外，该法第 54 条还规定对违反上述各条的法人代表、代理人或其他从业者以及对劳动保险事务互助组织或团体的代表者等实行处罚。

第二节　工伤保险制度的特性

一、各国工伤保险制度的共性特征

工伤保险作为社会保险制度的重要组成部分之一，既具有强制性、普遍性等社会保险制度共有的特点，又具有区别于其他社会保险制度的多方面特性。这些特性是各国的工伤保险制度所共有的。

1. 强制性

强制性是指由国家通过法律、法规，强制企业依照法定的标准和时间缴纳保险费，实行工伤赔偿，并依照法定的项目、标准和方式给付，对于违反有关规定的，要依法追究法律责任。

工伤保险实行强制性原则的原因之一是普通的劳动者大都以工资收入为主要生活来源，如果遭遇了有损健康的事故以致不能劳动，则将丧失部分或全部工资收入。此外，由于工资收入有限，缴纳保险费的能力就比较低。所以现在各国实行的工伤保险都由国家统一管理，通过国家立法强制实施。原因之二是工伤事故具有突发性和不可逆转性，因而造成的损失也难以挽回，对遭遇工伤事故或患职业病的个人则有可能带来终身痛苦。如果不能保证他们顺利地得到经济补偿，必将使其生活陷入困境。这既不符合人道主义精神，也未起到社会保障的作用。因此，工伤保险应该是强制性的，包括保险费的征收、缴费标准与缴费时间、待遇的构成、计发标准、支付方式与支付时间等都是强制的。其目的是保障以工资收入为主要生活来源的劳动者因工伤残后的基本生活。

我国的《工伤保险条例》《劳动法》《安全生产法》和《安全生产许可证条例》中都对用人单位应依法参加工伤保险、为从业人员缴纳工伤保险费等作出了明确规定，还将参加工伤保险作为企业取得安全生产许可证的必备条件之一。

2. 普遍性

世界上实行工伤保险制度的国家几乎都是最初将制度的适用范围局限于个别高危险性的且具有一定规模的行业或企业。经过多次改革之后才使该制度逐渐发展为具有普遍意义的、以所有劳动者为适用对象的制度。以我国的工伤保险制度为例，按照《工伤保险法》规定，我国境内的各类企业以及有雇工的个体工商户、不属于财政拨款支持范围或没有经常性财政拨款的事业单位、民间非营利组织等都应依法参加工伤保险。凡是与用人单位或个体雇主形成劳动关系的职工或工作人员，都受工伤保险制度的保护。即只要符合享受工伤保险待遇条件的工伤职工或职业病患者，不论其性别、年龄、工龄、企业缴费期限长短或缴费与否，根据不同的伤害程度都可获得相应的工伤保险给付。这表明了该制度具有普遍性特征。

3. 实行无过失赔偿

无过失赔偿原则又称无责任赔偿原则，是指无论事故责任在哪一方，雇主均负有赔偿义务。即无论工伤劳动者是否对工伤事故的发生负有责任（蓄意制造事故者除外），都能够依法享受工伤保险待遇。工伤保险除遵循风险分担、互助互济、保障与赔偿结合等社会保险的基本原则外，还需遵循的重要原则就是无过失赔偿原则。这是工伤保险有别于其他社会保险的最主要特征，也是强制性工伤保险制度与一般民事损害赔偿制度的重要区别之一。

无过失赔偿原则之所以能够成立，是因为立法者相信，在正常情况下劳动者不会认为负伤对自己有利而甘愿遭受事故痛苦，而造成伤害事故的原因既有个人因素，同时也有职业因素，而且，很大部分是由工作上的原因所致，如劳动条件不完备、劳动组织不合理等。因工遭受伤害已经给劳动者自身及家属带来痛苦，如果严重致残更会使本人及家属陷于困境，还会影响到其他劳动者的生产情绪，给企业经营活动的正常开展带来不利影响。在这种情况下，若追究工伤劳动者的责任，减少补偿乃至完全中断其经济来源，只会酿成不良的社会后果，既不能体现社会保险的作用，又不利于职工队伍的稳定和社会安定。因此，对遭受损失的受害者无条件提供赔偿是理所应当的。

无过失赔偿原则之所以能够成立，还因为人类早已认识到，劳动过程中客观存在着职业伤害风险，工伤事故是以机器生产为基础的现代生产中难以完全避免的意外事件。即使科学技术达到了很高的水平，人类有能力减少工业伤害，但也不可能完全消除。正是这种"职业的危害"被逐步认清以后，人们意识到让受害者举证说明自己不是事故责任者之后才能获得补偿的做法既不现实也不公平。于是雇主要无条件地为事故伤害者支付赔偿金才被逐步以法律形式确定下来。到21世纪初，几乎所有的工业化国家都将无过失赔偿作为最基本的原则加以实施。

4. 待遇优厚

工伤保险待遇标准较之养老、失业、医疗保险的标准要更加优厚。一方面是支付项目范围（如待遇项目不仅包括免费治疗、住院以及治疗期间照发工资，还包括住院期间的饮食补助、负伤后的工伤津贴、工伤致残的一次性和定期残障补助，负伤致残的康复和再就业培训，以及因工死亡者的遗属抚恤金等）都超过养老、失业、医疗保险的规定；另一方面是每一个支付项目的待遇标准也高于医疗保险中相同项目的支付标准，在享受工伤保险待遇的条件方面没有工龄和缴费的限制。

5. 个人保险费零负担

工伤保险制度的主要财源是工伤保险费和部分政府财政补贴，且全部工伤保险费均由企业主负担，职工个人不缴纳保险费。这是工伤保险制度与其他社会保险制度的一个重要区别。这也意味着针对劳动者而言工伤保险制度的权利与义务是相互脱节的。

6. 损失补偿与事故预防及职业康复相结合的原则

现代工伤保险已不仅仅限于对工伤职工给予工伤补偿，而是把工伤补偿、工伤预防与工伤康复紧密地联系起来，在维护社会安定、保护和促进生产力发展方面更好地发挥积极的作用。一方面，工伤保险的社会化管理有利于使工伤事故的预防形成合理的社会制约机制；待遇给付的社会化可促使劳动者重视自身的工伤保险权利，积极监督企业履行职责，防止隐瞒工伤不报的现象发生，从而促使企业重视事故隐患的治理，防止事故的发生。另一方面，工伤保险基金的建立，也使工伤康复事业在资金来源上有所保证。所谓职业康复是指以工伤伤残职工为对象实施的康复事业。它是指通过综合利用药物、器具、疗养、慰问、咨询、护理、培养以及服务等各种手段，使工伤伤残职工基本恢复正常人具备的工作、生活能力和心理状态的一项事业，是工伤保险制度三位一体整体功能（事故预防—伤害补偿—职业康复）的一个不可缺少的组成部分。

综上所述，工伤保险制度是社会保险体系中最具特殊性的一个制度，是社会保险制度中保障性最强、保险内容最全面、保险待遇最优厚、保险服务最周到，实行起来最得人心、保险的强制性和普遍性（社会性）最容易实现的制度。

除具有上述工伤保险制度的一般特性以外，日本工伤保险制度还具有一些独到之处。

二、日本工伤保险制度的独特性

日本的工伤保险制度除了上述共性以外，还有其独有的特性内容（暂不涉及各支付项目上的具体特点）。⑤

---

⑤ 郭晓宏. 日本工伤保险制度的特点及改革动态分析. 《安全与环境工程学术研讨会论文集》. 北京：化学工业出版社. 2005。

1. 与《劳动基准法》的关系

日本的《工伤保险法》是作为《劳动基准法》第八章"灾害赔偿"的执行保证法与之同时出台的,两者有着密不可分的联系,当初两个法律对于工伤赔偿的适用对象、赔偿范围及赔偿标准的规定都是基本相同的,但随着 1960 年后特别是 1965 年后的修订,《工伤保险法》的赔偿对象、范围及赔偿标准等方面的规定都已优于《劳动基准法》的相关规定,并逐渐形成独立的法律制度。

2. 工伤保险制度性质的界定

日本学术界对工伤保险制度的性质的界定存在三种观点:①工伤保险制度是依据《劳动基准法》对雇主损害赔偿责任进行担保的制度,即损害赔偿集团责任保险论;②工伤保险制度是依据社会保障法理对当事者的生存权进行保障的生活保障制度,即工伤保险社会保障论;③是介于二者之间的见解,即重叠论。认为工伤保险制度既是损害赔偿责任保险制度又是带有福利性质的生活保障制度。

3. 意见不一的"被保险者"

工伤保险制度的保险者是政府,但对"被保险者"的对号入座一直争论不一。主要有以下三种观点:①被保险者是雇主。因为保险费的缴纳者、保险手续的履行者是雇主。②被保险者是企业员工,因为获得保险赔付的是他们。③因为是极具特殊性的制度,故工伤保险制度应当回避"被保险者"的提法,只提保险加入者和保险待遇享受者。

4. 名副其实的强制性保险

强制性是工伤保险制度的特性之一,但不是所有国家和地区都实施了这种强制性,而日本在实施强制性加入和强制性维护受害员工获赔权益方面却做出了卓有成效的努力。首先,它一改初建时"未加入工伤保险制度的企业按《劳动基准法》的规定对劳动伤害进行赔偿"的规定,建立了企业在成立注册登记的同时便自动加入工伤保险的机制;其次,它通过立法保证了工伤受害员工或其遗属不会因为雇主拖延办理或不办理具体的入保手续而影响保险赔付的获得(当然立法中规定了事后针对雇主的惩罚措施)。目前,除仍允许农林水产业不足 5 人的极小企业可以暂时任意加入外,基本上实现了各行业皆参保的局面。

5. 只有一个版本的工伤保险费率系列

在工伤保险费率方面,日本实行的是全国统一版本的行业差别费率制度,目前执行的八大产业、55种行业费率,最高费率值为10.3%(水力发电设施、隧道工程等),最低行业费率为0.3%(计量器等制造企业、新闻出版业、金融服务业等)。行业差别费率体系原则上每3年调整一次。此外,还实行综合考察工伤事故发生率及保险金支付状况后的费率浮动制度。

6. 独有的通勤事故工伤保险费规定

日本在通勤事故保险费的处理上采用的是与行业差别无关的、所有企业都一律按工资总额的0.1%上缴的费率值规定,且通过受害者个人在享受该赔付待遇时需支付200日元的规定象征性地强调了非企业直接责任,意在强化员工的交通安全意识。这种做法是日本所独有的。

7. 起步较早改善较迟的"过劳死"工伤认定

日本涉及"过劳死"的工伤认定的法律规定始于1961年,但由于不够科学合理,适用面很小。所以1987年的法律修订被认为是"过劳死"工伤认定的开始,但正式冠以"过劳死"之名的工伤认定始于1995年,而且不包括"过劳自杀死"。从1999年开始,才分别依据"'过劳死'工伤认定基准"和"'过劳自杀死'工伤认定基准"进行认定和赔偿。

这些标准虽然经历过1987年、1995年、1996年及1999年等数次修订,但每次修订都无一例外地将"过劳"作为事故前一天为止的(1961年的标准)或事故前一周为止的准突发事件来对待,而没有考虑能够导致人体身心状态受到损害的"过劳"的蓄积作用,因而都带有一定的片面性。直到2001年12月,新颁布的"'过劳死'认定标准(脑血管疾患及虚血性心疾患——负伤引发的除外)"中,才较大程度地放松了"过劳死"的工伤认定条件,将"过劳死"与劳动状态的因果关系的判断时间间隔从原则上"症状前1周"扩大到"症状前6个月",另外将导致"疲劳"形成的加班时间标准规定为症状前1个月内100小时或每月平均80小时以上。使得"过劳死"的劳灾认定更具人性化和科学化。其结果使得更多的员工接受伤害补偿成为可能。

8. 褒贬不一的工伤保险制度中的"劳动福利事业"

《劳动者灾害赔偿保险法》1976年的修订中新增了工伤保险制度在发展劳动

福利事业方面的职能。多数人认为这不仅标志着工伤保险制度与劳动安全卫生管理的有机结合在立法上得到保证,而且还体现了工伤保险制度本身更加系统化、健全化。但是也有人认为劳动福利事业内容在工伤保险制度中的出现特别是负责垫付倒闭企业职工的工资等内容的存在导致了工伤保险制度"变质";劳动福利事业不过是一些有实力的官僚团体进行资金不正当转移的渠道,有损于工伤保险制度的纯洁性。无论何种评价占据主流,有一个现实是不容忽视的,那就是近年来的劳动福利事业经费支出在日本工伤保险制度总支付中的比例越来越大,它势必会成为评价今后的工伤保险制度发展趋势及其性质的重要依据。

此外,日本的工伤保险制度还在与其他社会保险制度及与民事损害赔偿制度的关系处理上、在浮动费率体系的形成与发展运用上、在保险赔付额计算基准的选用上,也具有独到之处。

三、日本围绕工伤保险制度性质的学术争论⑥

《劳动基准法》中除了针对工伤事故明确了雇主的无过失赔偿原则以外,还将"灾害补偿"作为一章专门加以规定。但当发生重特大工伤事故后,雇主无力承担巨额赔偿而濒于倒闭或逃匿时,受害员工获得赔偿的法定权利就会成为一纸空文,无过失赔偿原则就会变得毫无意义。为了防止这种情况的出现才同时制定了《工伤保险法》,通过建立雇主集团责任保险制度来规避受伤害员工因雇主无力承担赔偿责任而得不到赔偿的风险,切实保障员工获得补偿的权益。

然而,随着工伤保险法在20世纪60年代到70年代间的多次修订,二者间的差距开始出现并逐渐加大。到70年代末先后引入了浮动费率制、实现了赔付金额随工资指数的变动制、变最长为1.5年的有期伤残补偿为对严重伤残者生存期内的长期补偿、建立了中小企业雇主及个体教练等可以投保的特别参保制度、通勤灾害被列为工伤认定范围、规定了工伤保险在发展劳动福利事业方面的任务等。人们发现《工伤保险法》无论在保障对象上还是在补偿范围及补偿标准上,都早已优于《劳动基准法》,并逐渐形成独立的法律制度。它已从单一的赔偿开始呈现出带有福利保障色彩的特点。工伤保险制度的性质,仅从"劳动者灾害补偿保险"这个制度名称就可以看出它是一种为了分散雇主个体无力承担工伤赔偿的风险、利用保险机制对雇主集团的工伤赔偿责任进行担保的责任保险制度。近

---

⑥ 郭晓宏. 关于日本工伤保险制度的性质.《流通经济大学大学院经济学研究科论文集》(第12号) ISSN1341-3465. 东京:流通经济大学出版会. 2004:45—79。

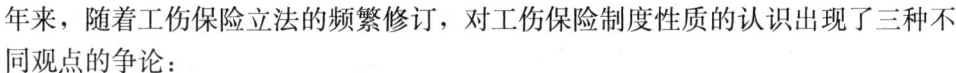

年来，随着工伤保险立法的频繁修订，对工伤保险制度性质的认识出现了三种不同观点的争论：

1. 生活保障论（社会保障论）

以 20 世纪六七十年代的制度改革成果为主要依据，部分学者将其后的工伤保险制度的特点概括为：保险赔付的长期化或无期限化、国家财政投入的制度化、保险适用对象的非纯粹劳动者化（以上下班事故为例的）、保险事故的非纯粹"工伤事故"化（以垫付破产企业职工被拖欠工资为例的）与工伤补偿无关性内容的导入等，最终形成了工伤保险不是以损害赔偿为主旨而是以工伤职工或其遗属生存支援为目的的"工伤保险生活保障论"观点。

该观点认为以对损害赔偿责任的担保为全部特性的工伤保险制度里被融入了带有福利或恩惠成分的生活保障方面的内容，工伤保险法无论在保障对象上，还是在补偿范围及标准上的规定都早已超过了《劳动基准法》中对劳动灾害补偿的规定，已经发展成为与《劳动基准法》相脱节的独立的制度。所以应该用社会保障法理而不是劳动保障法理来诠释工伤保险制度。

除了以上述制度改革内容为事实根据外，该观点还以日本宪法第 25 条⑦、1950 年社会保险制度审议的"关于社会保障制度的劝告"等为理论根据，结合保险原则的弱化现象及灾害的社会化倾向强调己方主张。

2. 损害赔偿责任担保论

与上述观点相对立，损害赔偿责任担保论认为工伤保险制度是依据《劳动基准法》对雇主损害补偿责任进行担保的制度，在改革的过程中被引入了带有福利性色彩的给付内容是不可否认的事实，但它们并没有影响该制度的核心功能。制度内容的改善要么是在原有内容上的延伸，要么是在边缘上的改动。根据在于劳资关系的存在、给付优于其他社保项目、保险的风险分担原理、用人单位应有的赔偿责任意识等，核心内容都没有发生改变。

该观点对生活保障论展开的批判主要是从以下几个方面入手的：

第一，工伤保险制度与社会保障制度的立法依据截然不同。前者是劳动权保障，后者是生存权保障。

---

⑦ 日本《宪法》第 25 条是社会保障事业的最重要的根据。其内容为：所有国民都有享受健康的、文化的最低限度生活的权利；国家必须致力于提高或增进社会福利、社会保障以及公共卫生等所有生活方面的水平。

第二，工伤保险与社会保障制度的目的截然不同。社会保障制度的目的是保障公民的最低生活，而工伤保险赔付标准高于其他社会保险制度。

第三，无过失赔偿、赔付标准高、个人不缴纳保险费等工伤保险制度的独特性，决定了制度的性质不可能发生改变。

总之，该观点坚持以日本《宪法》第27[⑧]条、《劳动基准法》第八章第75条和制度特殊属性为武器，批驳生活保障论。

3. 中间论（重叠论）

中间论是介于上述两种观点之间的观点，中间论认为工伤保险制度既是损害补偿责任保险制度，又是带有福利性质的生活保障制度。

虽然按照第三种观点最容易解释现行的日本工伤保险制度，但其不分主干与枝节的暧昧处理是不妥的。由于雇佣关系、业务关联、无过失赔偿、赔付的优厚待遇等几个重要的要素都没有因为改革而改变，所以，工伤保险制度的主要性质或根本属性仍是对损害补偿责任的担保。1960年以后实行的制度改革使其带有了生活保障的色彩，但应将其视为制度外缘上的附属属性的变化，尚不足以导致制度的根本"变质"。

此外，在各种观点交织中，人们发现甚至连制度的"被保险者"是谁都存有争议，第一种观点认为被保险者是雇主。第二种观点认为被保险者是企业员工。工伤保险制度其实应当回避"被保险者"的提法，只提保险加入者和保险待遇享受者。

第一种观点是可取的。因为社会保险制度作为保险制度的一类，同样遵循着基本的保险原则。只有从雇主既是缴费者又是保险受益者这个角度出发，才可以完美地解释工伤保险制度是一种保险制度。与对制度性质的思考相联系，损害赔偿责任得到担保就意味着雇主规避了由于难以承受高额赔付所形成的倒闭风险，所以工伤保险制度的第一受益人应该是雇主，受害员工通过雇主的参保行为获得实际的赔付，使自身的合法权益得以保障；雇主则在员工顺利地获取补偿的同时，使企业的经营和发展得到保障。

[⑧] 所有国民拥有劳动的权利和义务；法律确定工资、就业时间、休息以及其他的劳动条件。

第三章 日本工伤保险体制研究

 **作者小议**

围绕工伤保险制度性质的争论以及关注这种争论的走向究竟有无意义？

由于"赔偿"与"保障"是性质截然不同的两个概念，"落实损失赔偿"和"提供生活保障"是两种截然不同的行为理念，因而关注这些讨论是有意义的。它涉及制度发展决策的理论根据，涉及工伤职工与企业主间的关系定位，涉及该制度在社会保障或社会保险制度序列中的地位，涉及制度本身与社会制度或经济体制之间的必然联系。事实上，我国的工伤待遇制度发展到如今的工伤保险制度，使工伤待遇（保险）制度在社会保险制度序列中从排序第1退居第4，就是经济体制从计划经济向市场经济转变、三方（企业—劳动者—国家）关系形态从大家庭成员的关系向利益相关方关系发生根本转变的必然结果。

第三节 工伤保险行政管理体制

一、工伤保险行政管理体系及其演变

据《劳灾补偿行政史》[9]记载，在1947年立法当初，围绕着工伤保险制度管理的归属问题，曾经在厚生省和劳动省筹备委员会之间发生过激烈的争论。最后，在12名劳资双方代表表决的基础上做出决断，将以前与厚生省业务相关的、分别包含在医疗保险及养老保险中的工伤补偿业务全部移交给即将设立的劳动省，具体管理由该省下设的劳动基准局负责。1949年前后，考虑到工伤保险业务与负责对《劳动基准法》和其他劳动安全卫生法律的执行情况进行监督的劳动基准监督署的行政业务有密切联系，日本政府又将支付工伤保险补偿的业务从劳动省劳动基准局工伤保险科移交给劳动基准监督署。从而形成了工伤保险与劳动安全、卫生行政监督有机结合的管理机制。

2001年1月1日厚生省与劳动省合并为厚生劳动省后，工伤保险制度的运营和管理仍由劳动基准局负责，劳动基准局的全称变更为厚生劳动省劳动基准局，

---

[9] 労働省労働基準局労災補償部『労災補償行政史』．东京：労働法令協会、1961年。

工伤保险事业的直接管理部门是其中的工伤补偿部。通过厚生劳动省劳动基准局工伤补偿部—各地劳动局劳动基准部工伤补偿科—各地劳动局下属的劳动基准监督署这样一个上下贯通的管理机制来保证全国一元化的工伤保险制度的正常运营。特别是47个地方劳动局和分布于全国各地的343个基层劳动基准监督署更是发挥着极其重要的作用。日本现行的工伤保险行政管理体系如图3—1所示。

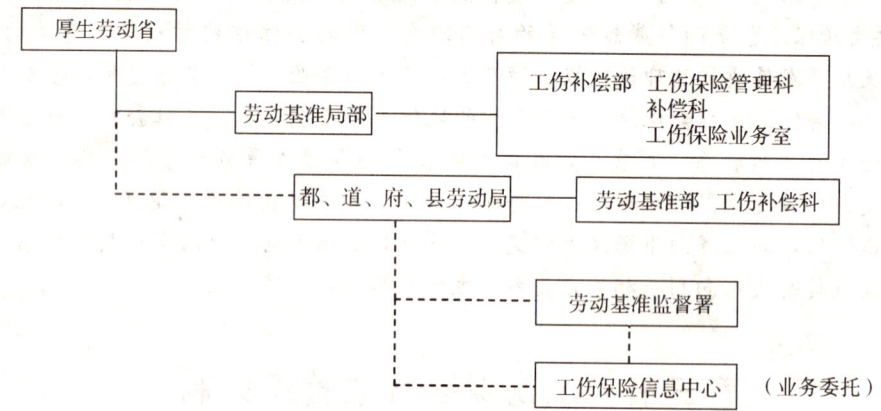

注：劳动基准局工伤补偿部是规划与实施工伤保险所有行政业务的最高责任机关；
全国共设有47个地方劳动局，其各自的工伤补偿科负责工伤保险业务指导、咨询和审查等；
各地方劳动局下属的劳动基准监督署在负责普及劳动基准相关法令、努力促进企业改善劳动条件和安全卫生状况的同时，还负责经办收缴保险费和支付工伤保险待遇等具体业务。

图3—1　日本工伤保险行政管理体系

总之，日本的工伤保险制度由政府负责掌管，中央政府具体经办工伤保险业务的部门是厚生劳动省，地方政府（都、道、府、县）具体经办工伤保险业务的机构是各地劳动局或其下属的劳动基准监督署。

二、政府在工伤保险事业中的作用

在日本，尽管对工伤保险制度的"被保险者"[⑩]有着三种不同的说法，但政府是工伤保险制度的"保险者"这一点却是法律明确规定的。因此，概括地说，

[⑩] 日本存在着三种对"被保险者"的认识：第一，被保险者是企业主。因为缴纳保险费和办理保险加入手续的是企业主。第二，被保险者是劳动者，因为是他们享受具体的保险赔付。第三，因为工伤保险是极具特殊性的制度，故应当回避"被保险者"的提法，只提保险加入者和保险待遇享受者。

政府在工伤保险事业中的作用就是发挥作为保险制度的保险者应有的作用。其主要职责包括：

1. 进行有关工伤保险制度方面的立法。
2. 制定工伤保险事业发展规划，推进工伤保险行政事务的开展。
3. 制定包括合理支付长期休养者补偿对策在内的确保工伤职工应有权利的各种政策。
4. 对各地方自治体劳动局的工伤保险管理和运营进行指导。
5. 对各地方自治体劳动局的工伤保险赔付业务进行监察。
6. 公正、合理地征收工伤保险费。
7. 对以劳动保险事务互助组织名义开展活动的企业主团体的业务范围进行认可。
8. 推进工伤医疗费的合理支付。
9. 负责受理工伤保险不服申诉的复审及有关工伤保险方面的咨询。
10. 促进工伤保险制度宣传活动和消灭"不办手续企业"（不办理工伤保险关系成立手续的企业）活动的开展。
11. 推进劳动福利事业的开展，即推进预防劳动灾害对策、产业医学振兴对策、工伤职工社会复归事业和重度伤残者护理对策的制定与实施及相关的科研工作的开展，对因企业破产无法领到工资的退休职工垫付拖欠工资等。
12. 开展以提高工伤保险业务相关人员自身素质和工作质量为目的的教育培训工作。
13. 强化与工伤保险有关的各行政部门之间的合作关系等。

三、工伤保险经办机构的职能

分布在全国各地的343个劳动基准监督署除了负有普及劳动基准相关法令、努力促进企业改善劳动条件和安全卫生状况、对劳动灾害进行调查统计等职能以外，还负责直接经办收缴工伤保险费和支付工伤保险金等具体业务，是工伤保险的具体经办机构。其主要职责包括：

1. 负责制定和实施辖区内工伤保险业务计划。
2. 经办企业工伤保险关系成立与消亡、年度更新等有关手续。
3. 向企业征收工伤保险费。
4. 迅速、公正地进行工伤认定和业务性疾病（职业病）认定。
5. 负责工伤保险金的支付。

6. 对劳动保险事务互助组织进行业务上的指导和监督。

7. 对"不办手续企业"进行说服工作。

8. 对不按期缴纳工伤保险费的企业依法进行处理。

9. 受理有关工伤保险业务的咨询。

10. 制定并实施以提高职员素质和事务处理能力为目的的研修计划。

11. 正确应对工伤保险不服申诉或诉讼。

12. 促进辖区内工伤保险制度的宣传和以工伤事故预防为目的的劳动安全卫生教育等活动的开展。

地方（都、道、府、县）劳动局除对辖区内的各劳动基准监督署的工伤保险业务有进行指导的职责以外，还负责受理工伤保险方面的咨询和受理对以"劳动基准监督署长"名义做出的工伤保险处理结论不服申诉的审查。

 **作者小议**

综上所述，与我国的工伤保险、安全生产管理、职业卫生管理分属于国家若干不同的行政部门具体实施的现状不同，日本无论在厚生省与劳动省合并之前还是合并之后，劳动安全管理、劳动卫生管理和以工薪劳动者为对象的工伤保险制度的管理都是由劳动基准局负责把握全局、由地方劳动部门或劳动基准监督署具体实施的。这种政出劳动部门一家的管理体制将政府劳动安全卫生监察、工伤保险和事故预防紧密结合，是高效地制定和推行有关工伤预防、工伤补偿、工伤康复决策的重要保证之一。

第四节　工伤保险基金及其特点

一、工伤保险基金来源及支出

任何一种社会保险制度的顺利实施，都应有一个稳定的基金作保障，即由大量被保险人缴纳的保险费集聚而成，在专门机构的统一管理和调剂下用于补偿少数被保险人受到的经济损失的资金储备作保障。与其他社会保险制度相同，工伤保险虽然是一种不以营利为目的的保险制度，但同样需要有雄厚、稳定的财源作后盾,以使劳动者在因工伤事故或职业病导致伤、残、亡后,能够尽快地获得基本的补偿。对于日本的工伤保险而言,制度运行的主要财源保证是"劳动保险专项基金工伤保险账户"(日语为"労働保険特別会計労災勘定",以下简称"工伤保险基金")。

1. 工伤保险基金与劳动保险专项基金的关系

为了理解工伤保险基金为何作为劳动保险专项基金中的一个专用账户存在,有必要对工伤保险制度与劳动保险制度的关系进行简单说明。

日本将只与工薪劳动者有关的两个社会保险制度——雇用保险和工伤保险统称为劳动保险制度,并且将其作为一项特殊事业由被称为"劳动保险特别会计"的专项基金来运营。该基金的主要来源是政府依据《劳动保险费征收法》向企业定期征收的劳动保险费,另外还有一部分国家财政补贴。对企业而言,工伤保险费是作为劳动保险费的一部分与雇用保险费一齐定期上缴的。即:

劳动保险费＝工资总额×(工伤保险费率＋雇用保险费率)[11]

与雇用保险费的劳资双方共同负担不同,工伤保险费全部由企业主负担,职工个人无须缴纳保险费。另外,虽然雇用保险和工伤保险的保险费都是按职工工资总额的一定比率缴纳,但二者的比率值(保险费率)是不一样的。现行雇用保险制度的保险费率范围是19.5‰~22.5‰,而工伤保险制度的保险费率范围是5‰~129‰。

2. 工伤保险基金的主要来源

日本的工伤保险基金的收入包括:企业缴纳的保险费、工伤保险费滞纳金或追缴金收入、国家财政补贴、上一年度保险费结余收入、托管费利息收入、捐款收入和其他收入等。表3—1显示的是厚生劳动省2002~2005年度工伤保险基金收入预算中主要项目的情况。

---

[11] 工伤保险费率和雇用保险费率分别表示工伤保险的保险费和雇用保险的保险费在工资总额中所占比率。其中工伤保险费率里包括1/1000的通勤事故费率。此公式适用于连续性生产经营企业和部分非连续性生产经营企业。

表 3—1　　　　　　　　　工伤保险基金收入预算[12]　　　　　单位：百万日元

项目	2002 年度	2003 年度	2004 年度	2005 年度
保险费收入及滞纳金等其他收入	1 246 444	1 043 509	1 044 726	1 051 844
国库补贴	1 307	1 307	1 307	1 281
提前入账的保险费收入	32 193	28 956	23 688	23 488
上年度的转入	212 730	190 910	189 374	186 474
杂项收入	173 853	150 854	133 515	126 357
工伤保险基金总收入	1 667 020	1 415 931	1 392 610	1 389 444

3. 工伤保险基金的主要用途

日本的工伤保险基金主要用于工伤保险给付费（短期给付、长期给付、二次健康诊断等给付）、劳动福利事业费（促进社会复归的费用、对受害职工等实施支援的费用、确保安全卫生的费用、确保劳动条件的费用）、业务经费、设施装备费、转入其他账目（如保险费返还金[13]、用于征收保险费时的事务性经费及人工费等）、准备金等。表 3—2 是 2002~2005 年度工伤保险基金支出预算中主要项目的情况。

表 3—2　　　　　　　　　工伤保险基金支出预算[14]　　　　　单位：百万日元

项目	2002 年度	2003 年度	2004 年度	2005 年度
保险给付费	1 016 250	941 376	803 658	802 297
业务经费	58 372	57 836	50 762	50 474
劳动福利事业费	143 097	138 288	227 116	221 354
转到其他账目	92 201	58 139	62 145	62 428
预备费	17 000	15 000	10 000	10 000
合计	1 326 920	1 210 642	1 187 239	1 176 895

---

[12] 资料来源：http://www.mhlw.go.jp/shingi/2003/02/s0219—9e.html。

[13] 此处的返还金是指对上缴的概算保险费多于确定保险费的企业，将多余部分返还给该企业。而不是国内有些资料介绍的将保险费的一部分返还给企业作为安全生产奖励金。有关概算保险费和确定保险费的概念详见本节内容。

[14] 数据来源：http://www.mhlw.go.jp/shingi/2003/02/s0219—9e.html。

二、工伤保险费的种类与收缴制度

如前所述,日本工伤保险制度的主要财源是工伤保险费和部分国库补贴,且全部工伤保险费均由企业主负担,职工个人不缴纳保险费。这是工伤保险制度区别于其他社会保险制度的一个重要标志。

1. 工伤保险费的种类及计算方法

根据参保者的不同特点,日本的工伤保险制度中规定了针对一般连续性生产经营企业(常年)的一般保险费、针对特别加入者的特别加入保险费和针对非连续性生产经营企业(按工程项目和工期等成立及实施生产活动的企业)制定的保险费等几种类型。其中一般保险费和特别加入者保险费的计算方式见表3—3。

表3—3　　　　　　　　日本工伤保险费的种类及其计算方法

保险费的种类		计算方法
一般保险费	以企业主支付的工资总额为基数计算的普通的保险费	年工伤保险费=年支付工资总额×(工伤保险费率+1‰) 式中的工伤保险费率按不同的行业分别确定(3‰~10.9‰) (工伤保险费率+1‰)中的1‰是各行业统一的通勤事故工伤保险费率
特别加入保险费	第一类特别加入者保险费 中、小企业企业主的特别加入保险费	年工伤保险费=保险费计算基数×工伤保险费率 式中的工伤保险费率与其雇用的员工所适用的费率值相同,为3‰~10.9‰
	第二类特别加入者保险费 个体工匠及从事特定作业人员的特别加入保险费	〔个体工匠等〕 年工伤保险费=保险费计算基数×工伤保险费率 式中的工伤保险费率按不同门类分别确定(19‰~52‰)
		〔从事特定作业人员〕 年工伤保险费=保险费计算基数×工伤保险费率 式中的工伤保险费率按不同作业分别确定(4‰~46‰)
	第三类特别加入者保险费 出国赴任者的特别加入保险费	年工伤保险费=保险费计算基数×工伤保险费率 式中的工伤保险费率为4‰

注:保险费计算基数=日付基本工资×365日。日付基本工资是特别加入者如实申报所得由劳动基准监督署长认可的。

连续性生产企业与非连续性生产企业的区分只适用于工伤保险制度。两者在保险费的计算以及保险事务手续上都有不同的规定。例如，建筑类企业的工伤保险费的计算基数虽可采用支付工资总额，但在难以确定工资总额的情况下，可以以工程总承包额与劳务费率的乘积为基数进行计算。

2. 工伤保险费的收缴规定

日本的工伤保险费是以保险年度（指从每年的4月1日到第二年的3月31日为止的一年）为单位进行计算的。按照《征收法》的规定，工伤保险费的收缴实行年度初先申报和缴纳概算保险费、年度末再对保险费进行精算并多退少补的做法。被概算与精算的内容实际上是"年工伤保险费＝年支付工资总额×保险费率"，算式中的"年支付工资总额"一项。原则上，它是指办理了工伤保险成立关系的企业的全体职工（包括临时工、打工者等）的工资总额。

（1）工资总额的概念及范围　工资总额原则上是指企业主支付给本企业职工的工资、补贴、奖金以及其他所有对职工的劳动付出的报酬的总和。根据"劳动保险费对策中心"网站[15]登载的内容，可以包含在工资总额中的项目有：基本工资、加班工资、夜班补贴、节假日加班补贴等，抚养补贴、子女补贴、家属补贴等，退休补贴、职务津贴等，地区补贴、住宅补贴、教育补贴、单身赴任补贴、技能津贴、特殊作业津贴、奖金、物价补贴、调整补贴、奖赏、交通补贴、预付退职金、月票、车票等，成立纪念日等特殊日期的庆祝费、小费、替职工缴纳的雇用保险费及其他社会保险费，为实现企业福利公平化对未得到企业职工住房的职工支付的住房补贴，提薪差额。

（2）概算保险费的申报和缴纳（以一般保险费为对象）　按企业从保险年度初日起到年度最后一天为止预计支付的工资总额为基数计算的保险费被称为"概算保险费"。企业主应在新年度开始的第1～50天之内去辖区的劳动基准监督署进行申报和缴纳。

从保险年度中途开始加入工伤保险制度的企业，以保险关系成立之日起到保险年度最后一天为止为期限，按工资总额的估算值为基数计算申报和缴纳概算工伤保险费。其手续应在工伤保险关系成立之日起的50天内完成。

（3）确定保险费的精算与保险费的返还或补缴（以一般保险费为对象）　按企业到年度最后一天或保险关系消亡之日为止实际支付的工资总额（包括已确定

---

[15] 劳动保险费对策中心官方网站. http://www.roudou－hoken.com/rodohoken05.htm.

要支付的部分在内）为基数计算的保险费被称为"确定保险费"。由于是对年度初或加入制度之初申报和缴纳的概算保险费进行精算，所以当概算保险费少于确定保险费时，企业要补交其不足部分；而当概算保险费多于确定保险费时，企业将得到多余部分的返还，当然也可以将它们留作下一个保险年度的部分保险费。

（4）劳动保险的年度更新　劳动保险费是以企业主的自主申报为原则的。在上一个年度或上一个年度以前已经加入了工伤保险制度的企业的企业主，应在办理上一年度保险费精算手续的同时办理新年度的保险费概算及缴纳手续。这种被称为"劳动保险的年度更新"的手续必须在每年的4月1日到5月20日之间完成，否则将被强制按政府指定的保险费数额缴费和加收滞纳金。《征收法》第19条第4款和第21条对此作出了明确规定。

（5）针对不办加入手续的企业主的费用征收制度　虽然日本的工伤保险法明确规定了即使是只雇有一名职工的企业也必须要加入工伤保险制度（即都要在规定的时间内办理保险关系成立手续）的原则，但实际上不办手续的企业却一直存在。为了督促企业主的主动加入，保证制度的正常运营，1987年，日本建立了针对不办参保手续企业的企业主的"**费用征收制度**"。该制度的主要内容是：如果企业主曾经接受过行政机关有关加入保险方面的业务指导，但仍不去办理保险关系成立手续，而在此期间该企业发生了工伤事故的话，那么劳动基准监督署一方面依法从工伤保险基金中支付对工伤受害职工或其遗属的保险补偿，另一方面要按这些保险给付额的40%向企业主进行征收。

然而，十几年过去了，费用征收制度的建立与实施不仅未能杜绝不办参保手续企业的存在，近年来甚至还有增加的迹象。据日本厚生劳动省最近的推断，目前存在的不办手续企业竟有54万家之多。为此，保证工伤保险制度的公平性和防止制度的空洞化问题被提到了重要议事日程。

作为一项最新决策，日本从2005年11月1日起开始实施费用征收制度，在继续督促企业主自主参保的同时，加大了对应参保而拒不办理加入手续的企业主的惩治力度。最新的费用征收制度的主要内容为：

第一，在事故发生前曾接受过行政机关的有关加入手续等方面的业务指导却仍拒不办理手续的企业，如果在此期间发生了工伤事故，该企业主将被认定为"故意不办手续者"并按全部工伤保险赔付支出的100%对其进行费用征收。

第二，虽然没有接受过有关加入手续方面的业务指导但作为必须加入工伤保险的企业却在企业注册成立一年后仍然没有办理保险成立手续的企业，在此期间发生了工伤事故，其企业主将被认定为"因重大过失不办手续者"，并且作为费用征收对象，按此次事故后的工伤保险给付额的40%对其进行费用征收。

第三，无论是第一种情况还是第二种情况的企业主，如果发生了工伤事故，都要被追缴拖延不办手续期间的全部工伤保险费。

为了强化费用征收制度的效果，日本政府除提高了制度本身的惩治力度外，还正在通过社会力量更加广泛地宣传费用征收制度，呼吁那些不办手续的企业主早日履行工伤保险关系成立手续。

三、工伤保险费率制度

工伤保险费率是工伤保险费在工资总额中所占的比例，制定得科学与否直接关系着工伤保险制度能否发挥其应有的补偿功能、职业伤害风险能否得到有效的分散、制度的公平性与合理性能否实现等重要问题。毫无疑问它是工伤保险制度中最为关键、技术含量最高、涉及因素最为复杂的一个环节。

1. 工伤保险费率的确定原则

日本工伤保险费率的制定是以确保工伤保险制度财政的安定为大前提的。它以对整个制度某个时段内用于支付保险待遇和劳动福利事业等所需总费用的预测值为依据、按照以支定收的基本原则、结合各行业职业伤害风险程度和过去三年中的事故及保险给付状况由厚生劳动大臣负责制定颁布。

2. 工伤保险费率模式

日本工伤保险费率的基本模式是行业差别费率制，符合一定条件的企业的行业差别费率可以被上下浮动。行业差别费率是基于职业伤害风险存在的客观性和不同行业间风险程度差异存在的客观性，并结合各行业实际的工伤事故发生率及其保险给付所需费用等因素制定并实施的工伤保险费率标准。日本政府将各行业工伤保险费率的具体规定公布于《征收法施行规则》中。以2009年4月修订的现行费率值表为例，在该表中，全部产业被划分为林业、渔业、矿业、建筑业、制造业、运输业、"电、煤气、自来水及供热业"和"其他产业"八大类，将它们包含的行业细分后形成了55个行业列表，并以3‰～103‰的费率对每一个行业分别规定了工伤保险费缴费标准，见表3—4。

表3—4　　　　　　　　工伤保险行业差别费率表

产业分类	行业分类	工伤保险费率
林业	林业	60/1000
渔业	海洋渔业（网渔业或海面鱼类养殖业除外）	32/1000
	网渔业或海面鱼类养殖业	41/1000
矿业	金属或非金属矿业（石灰石矿或白云石矿除外）或煤矿	87/1000
	石灰石矿或白云石矿	30/1000
	原油或天然气矿业	6.5/1000
	采石业	70/1000
	其他矿业	24/1000
土木工程建筑业	水力发电设施、隧道等新建工程	103/1000
	道路新建工程	15/1000
	铺路工程业	11/1000
	铁道或轨道新建工程	18/1000
	建筑业（在建建筑物的设备工程业除外）	13/1000
	在建建筑物的设备工程业	14/1000
	机械装置的组装或安装业	9/1000
	其他建设事业	19/1000
制造业	食品制造业（烟草制造业等除外）	6.5/1000
	烟草制造业等	5.5/1000
	纤维工业或纤维制品制造业	4.5/1000
	木材或木制品制造业	15/1000
	纸浆或造纸业	7/1000
	印刷或装订业	4.5/1000
	化学工业	5/1000
	玻璃或水泥制造业	7.5/1000
	混凝土制造业	14/1000
	陶瓷器制品制造业	18/1000

---

⑯　厚生劳动省官方网站．http：//www.mhlw.go.jp/index.html。

续表

产业分类	行业分类	工伤保险费率
	其他窑业或土石制品制造业	26/1000
	金属精炼业（非铁金属精炼业除外）	7/1000
	非铁金属精炼业	8.5/1000
	金属材料品制造业（铸造业除外）	7.5/1000
	铸造业	19/1000
	金属制品制造业或金属加工业（西餐食具、刃具、手工具或一般金器制造业或镀金业除外）	11/1000
	西餐食具、刃具、手工具或一般金器制造业（镀金业除外）	7.5/1000
	镀金业	6/1000
	机械装备制造业（电气机械装备制造业、运输用机械装备制造业、船舶制造或修理业及计量器、光学机械、钟表等制造业除外）	6.5/1000
	电气机械装备制造业	3.5/1000
	运输机械器具制造业（船舶制造或修理业除外）	5/1000
	船舶制造业或修理业	23/1000
	计量器、光学机械、钟表制造业等（电气机械装备制造业除外）	3/1000
	贵金属制品、装饰品、皮革制品等制造业	4/1000
	其他制造业	7.5/1000
运输业	交通运输业	5/1000
	货物经营业（港湾货物经营业、港湾装卸业除外）	11/1000
	港湾货物经营业（港湾装卸业除外）	12/1000
	港湾装卸业	17/1000
电力、煤气、自来水供应及供热业	电力、煤气、自来水供应及供热业	3.5/1000
其他	农业及海洋渔业以外的渔业	12/1000
	清扫、火葬及畜业	13/1000
	大厦综合管理业	6/1000
	仓库业、警备业、消毒或驱虫业、高尔夫球场关联业	7/1000
	通信业、传媒业、新闻及出版业	3/1000
	批发业、零售业、饮食业及旅馆业	4/1000
	金融业、保险业及房地产业	3/1000
	其他各种事业	3/1000

无论何种行业，在按以上费率计算了工伤保险费的基础上，还要再加入工资总额的1‰通勤事故（上下班事故，下同）保险费后才是实际应缴纳的保险费数额。也就是说，在日本的工伤保险费率制度中存在着一个独特的1‰费率值。

此外，日本的工伤保险费率制度还包括以行业差别费率系列为基础的费率浮动制。因此可以说日本实行的也是可浮动的行业差别费率制度。有关费率浮动的内容将在后面进行说明。

行业差别费率和费率浮动办法的唯一性是日本工伤保险费率制度的一大特点。即虽然工伤保险制度依靠各地方自治体劳动局或劳动基准监督署来具体管理和运营，但各地都采用相同版本的工伤保险行业差别费率系列表和执行全国统一的工伤保险费率浮动办法。所以不会存在不同省市间的相同行业在保险费缴费标准及浮动标准上的不平衡问题。

3. 工伤保险行业差别费率的调整及近期的调整动态

日本工伤保险行业差别费率系列的调整一般是每隔三年进行一次，但2003年度是提前一年进行调整的。其原因是已实现了全国伤亡事故的连年下降，且同年度又是"第十个劳动灾害预防五年规划"的实施开始年。

工伤保险行业差别费率的调整主要依据各行业过去三个保险年度的保险收支状况及发生职业伤害情况的统计等来进行，因而，某些行业的费率值会被上调，而有些则会被降低。唯有2003年度的调整使所有行业的费率值都有所下降。

近期的调整倾向主要是进一步细化工伤保险费率系列。当2006年4月日本开始实施新一轮的工伤保险行业差别费率体系时，人们发现之前的51种行业差别费率被扩大到54种。新增加的三种"行业"实际上是从现有的"服务业——其他"一档中分离出来的，包括"新闻、出版、通信业"，"批发业、零售业、旅馆等饭店业"和"金融、保险、房地产业"。

这种以服务业为中心开展的费率设定上的进一步细化，一方面反映了服务业在国民经济发展中占有越来越重要的地位，另一方面也说明在行业大类的划分基础上再尽可能细致地考虑同一行业内生产特点及事故风险程度的差别后确定费率的做法会有利于提高各类企业参加工伤保险的积极性。这次费率修订就是听取了来自服务业内部部分企业的"同类行业内部分工的细化导致了其职业伤害风险程度差异的加大，仍按同样的费率缴纳工伤保险费的做法有失公平"之强烈不满后研究实施的。

4. 关于工伤保险费率的浮动

（1）浮动费率制的命名特点及产生背景　日本的工伤保险浮动费率制是指对于满足一定条件的行业的相关企业，根据其工伤保险的收支率（获赔的保险金与缴纳的保险费之比）对其保险费实施或增或减的制度。

虽然根据保险收支情况进行调整后保险费率有增有减，但日本对该制度的命名没有采用变动费率制或浮动费率制等表达方式，而是将其规定为"费率优惠制"（日语为メリット制，以下简称浮动费率制），其意图在于通过制度名称唤起企业主们的关注，强调制度本身提高了安全管理绩效的企业的激励功能。

一般认为，工伤保险制度的职能从传统的、被动式的事后经济补偿拓展到事故赔偿与安全管理、事故预防相结合上来，其契机是发达国家的行业协会所制定的事故多发企业要多支付赔偿金的规则，认为正是这个规则的出现才使不少企业以少付赔偿金为目的开始在如何减少伤亡事故上作出了努力，从而使工伤保险与工伤事故预防联系起来。然而，日本的工伤保险浮动费率制的产生却有着特殊的背景。1947年9月日本开始实施工伤保险制度，不料两年后便出现了329 000万日元的财政赤字，于是不得不考虑采取强有力的措施以实现保险经济的安定化。形成该局面的主要原因是由于日本从1947年开始实行了被称为"倾斜生产方式"的经济复兴政策，生产资源被大量投向煤炭和钢铁产业上，而它们恰恰是工伤事故风险最大的产业，1951年的劳灾死亡数字为6 712人，是迄今为止日本年工伤死亡人数的最高值。作为控制和解决工伤保险财政危机对策的浮动费率制正是在这一年实施的。该对策的实施很快便取得了预期效果，1952年保险财政就消灭了赤字，伤亡事故开始出现下降的趋势。如1952年度的伤亡事故比1951年度下降了15%，1955年度比1954年度下降了4%。

可见，日本在50多年前较早地引入工伤保险浮动费率制的初衷虽然是为了解决制度本身的财政危机，但却由此产生了工伤保险制度与以预防事故为中心的劳动安全卫生管理相结合的积极效果。即以实现企业主合理分担事故风险为目标，调动了企业主重视安全生产和改善劳动条件、努力减少伤亡事故的积极性和竞争意识，提高了劳动安全卫生管理的整体水平。

（2）浮动费率制的适用条件及浮动办法　浮动费率制的实施前提应是企业在一定时期内（按日本的规定一般是三个保险年度）实现了工伤保险收支状况的基本稳定，否则不仅得不到实施该制度带来的应有效果，相反会产生负面影响。为此，日本规定了费率浮动制度适用企业的条件。以下分别对连续性生产经营企业和非连续性生产经营企业的适用条件进行说明。

①连续性生产经营企业的适用条件及浮动办法 连续性生产经营企业是指一般的工厂、商店、事务所等。适用于费率浮动制的企业须同时满足"企业的连续性"和"企业的规模"这两个方面的条件。

企业的连续性——到依据费率浮动制被实施费率增减的那个保险年度的上上年度的 3 月 31 日（以下简称"基准 3 月 31 日"）时，其保险关系已成立 3 年以上（因为浮动费率制原则上是根据某企业过去三个保险年度的保险收支率、从其中最后一个保险年度的下下个年度开始对该企业的工伤保险费率值实行增减的制度。所以，对新成立的企业而言，无论其规模有多大，在最初的 4 年中是没有资格利用浮动费率值的）。

企业的规模——从基准 3 月 31 日所属的保险年度开始倒推，连续 3 个保险年度中的各保险年度均满足以下条件之一的：

第一，职工人数≥100 人的企业。

第二，20 人＜职工人数＜100 人、职工人数与不包括通勤事故费率在内的工伤保险费率的乘积值大于 0.4 以上的企业。即职工人数×（基准工伤保险费率－1/1 000）≥0.4 的。

第三，总承包后成为连续性建筑类企业或木材采伐类的、确定保险费金额在 100 万日元以上的企业。

对于这些连续性企业，如每年的前一年度以前 3 年间的业务灾害的收支率超过 85％或低于 75％时，则该企业次年度的工伤保险费可在 40％的范围内被提高或降低。

②非连续性企业（土建工程等）的适用条件及浮动办法

适用于浮动费率制的非连续性企业（有期企业）包括以下两类：

第一类，确定保险费金额在 100 万日元以上或承包金额在 12 000 万日元以上的建筑类企业。

第二类，确定保险费金额在 100 万日元以上或木材产量 1 000 立方米以上的木材采伐业。

对于这些企业，如在工程终了之日前 3 个月或 9 个月内的工伤保险收支率超过 85％或低于 75％时，则其工伤保险费率将在 35％的范围内被提高或降低。

(3) 浮动费率制的调整动向及面临的问题 近年来日本出现了对浮动费率制的否定意见，认为正是浮动费率制的存在才使一些企业对工伤事故隐瞒不报以规避本企业的工伤保险费率被上调。于是，针对即将于 2006 年度开始执行的新工伤保险费率中包括的将建筑业的浮动费率的上下可浮动范围从±35％扩大到±40％的内容，一部分劳动者利益保护团体提出了严厉的批评，认为是助长工伤事故隐瞒不报。据日本厚生省公布的资料，2003年，由于隐瞒工伤事故不报而被书面送检的案件数达到132件，为过去的最高；仅事故风险较大、重大灾害事故多发的建筑业在2001—2003年的3年间的工伤隐瞒率就从60%上升到80%。

在日本，企业对歇工4天以上的工伤事故隐瞒不报的做法是违反《劳动安全卫生法》第100条的规定的，一经查出会被送审，并被处以50万日元以下的罚款。既然如此为什么隐瞒事件依旧存在，且有上升的趋势。其原因可以归结为两大方面，一是由于浮动费率机制的作用，使得因发生工伤事故导致工伤保险赔付支出超过一定比例，该企业次年度开始的工伤保险费率就会被提高，且浮动范围较大。第二个原因是由于市场竞争加剧导致的生存危机感使一些企业主担心上报了工伤事故就会大大减少甚至完全失去承接生产或施工项目的机会。事实上，日本确有事故较多的企业没有资格竞争公共事业项目建设的规定，这样的企业也很难被转包生产建设项目。

总之，如何避免对浮动费率制的滥用、保证浮动费率制在工伤保险与职业安全卫生管理方面发挥正常有效的作用，成为日本工伤保险改革的焦点问题之一。

四、工伤保险基金管理

工伤保险费按照图3—2所示的管理体系自下而上逐层收缴后，由厚生劳动省所属的"劳动保险专项基金工伤保险账户"负责统一管理和支付。

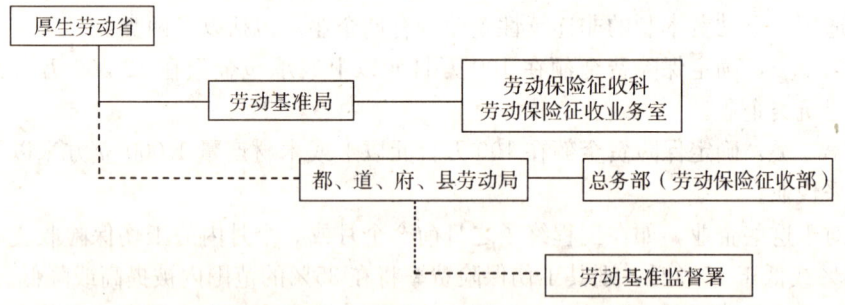

注：劳动基准局劳动保险征收科负责有关劳动保险费征收业务及系统的规划和立项等工作；
地方（都、道、府、县）劳动局总务部负责有关劳动保险费的征收等业务；
各地方劳动局下属的劳动基准监督署负责向雇主提供有关劳动保险费征收业务的指导。

图3—2　日本劳动保险费征收业务管理体系

具体负责劳动保险特别基金工伤保险账户会计事务的是日本厚生劳动省劳动基准局工伤补偿部工伤管理科。其业务范围包括：对与工伤补偿部有关的业务进行综合调整；对有关工伤保险制度运营的各项事务进行监察；负责管理及处理属于工伤保险专项账户的国有资产以及进行物品的管理；负责工伤保险账户的会计事务；负责经办上述内容以外的与科室无关的工伤补偿部的其他业务。据劳动基准局的调查统计资料显示，1998—2003年间的平均缴费率约为97％[17]。

五、针对不按规定申报和缴纳保险费的企业主的"保险费决定制度"

这里所指的不按规定，包括逾期不提交"概算保险费"申报表，或虽在规定的时间内提交了"概算保险费"申报表但其中却有虚假不实记录的违法行为。对此，《征收法》第15条第3款明确规定了以下处置办法：政府将行使职权决定该企业主应当缴纳的工伤保险费数额并通知企业主。这就是所谓的劳动保险费"决定制度"（日语为"認定決定"制度），是政府对企业主不主动申报，或进行虚假申报所采取的对策，由各地方自治体劳动局负责劳动保险费收缴的业务部门负责执行。

根据《征收法》第15条第4款的规定，接到保险费决定通知书的企业主，必须在即日起的15天内缴纳"概算保险费"或补齐不足的部分。

以上这些规定对不主动申报和缴纳"确定保险费"，或在申报"确定保险费"时有虚假不实内容的企业主同样适用。只是在企业主不得不缴纳或补足"确定保险费"时，原则上要被加收应缴纳（或补足）数额的10％的追缴金。

六、旨在减轻中小企业主负担的"劳动保险事务互助组织"制度

1. 中小企业的工伤保险强制参保

强制性是社会保险制度的特性之一，对于工伤保险制度而言，强制加入的意义和必要性就更加突出。日本在实现工伤保险制度的强制性方面的做法是较有特

---

[17] http://www.ipss.go.jp/s－toukei/j/16_s_toukei/4_13/176.html.

色的,一是明确建立了企业在成立注册登记的同时便自动加入工伤保险的机制。二是对违法不办理保险成立手续且在此期间发生了工伤事故的强制适用企业制定了处罚措施,即无论其规模大小,这样的企业都将成为"费用征收制度"的适用对象,被征缴40%或100%的保险给付额。

正是由于立法上的这些规定,目前,除了被指定的农、林、水产业不足5人的零星企业可以暂时任意参保外,可以说已经基本实现了工伤保险制度在日本的全面适用。

2. 意在减轻中小企业负担的"劳动保险事务互助组织"制度

日本在重视工伤保险强制参保立法的同时,还重视建立便于企业,特别是中小企业加入工伤保险的辅助性制度。"劳动保险事务互助组织"制度就是为了减轻加入保险制度给中小企业主带来的事务性负担而建立的保险事务委托制度。

对于中小企业而言,配备专人负责劳动保险(雇用保险和工伤保险)制度所有手续的办理是不够现实的,它会给企业带来较大的负担,会使企业对参保产生一定的抵触情绪。如果建立一个适当的代行机构,就会给企业主们带来很大方便,同时又可以通过将中小企业主集中起来一起办理保险成立关系的相关手续而使政府部门的业务负担得到一定的缓解,并最终促进工伤保险的全面加入。"劳动保险事务互助组织"就是这样一个代行机构,是经厚生劳动大臣认可的中小企业主团体组织。它接受中小企业主的委托,代办劳动保险的各项事务性手续。

以下三类企业的企业主可以委托该组织代办保险事务:

第一类,金融业、保险业、房地产业或零售业职工数少于50人的企业主;

第二类,批发业或服务业职工数在100人以下的企业主;

第三类,上述行业以外的、职工人数为300人以下的企业主。

"劳动保险事务互助组织"可以代办的保险事务包括:概算保险费及确定保险费的申报与缴纳业务;有关保险关系的成立申请、工伤保险特别加入的申请业务;其他有关工伤保险的申请、提交和报告等业务。

通过该制度的实施,不仅减少了中小企业主的事务性负担,还带动了更多的中小企业主积极主动地办理保险成立手续,推动了工伤保险事业的发展。

第三章 日本工伤保险体制研究

第五节 工伤和职业病认定及致残等级鉴定

一、工伤认定

日本的工伤认定是指由劳动基准监督署主持的、对职工遭受的负伤、疾病、死亡、交通事故与其所从事的工作之间的因果关系进行判断和确定的过程。从《工伤保险法》第三章"保险给付"的内容构成中可以看出，此种认定是按工伤认定和上下班交通事故认定这两大类分别进行的。

1. 工伤认定的基本原则

"业务起因性"和"业务从属性"是日本各地的劳动基准监督署进行工伤认定时严格把握的两个判定原则。

所谓"业务起因性"是指职工的负伤、疾病、残疾或死亡（简称伤病等）是由于工作业务上的事由所引起，即工作与伤病等之间存在着的因果关系。而"业务从属性"则是指遭受伤病的职工与企业主之间有着明确的劳动合同关系。

在进行工伤认定时，必须确认伤病等是否具有"业务起因性"，而"业务从属性"又是"业务起因性"成立的前提。因而，二者都是构成"工伤"的必不可少的要素。

2. 工伤认定——业务上负伤的认定

众所周知，业务灾害是指工作业务上的灾害。尽管日本在工伤保险、劳动安全卫生方面的立法中频繁地使用"业务上"一词，但究竟什么是"业务上"、"业务上"的意义或范围如何等却没有在法律上给予明确的界定。因此，在日本的《工伤保险法》里没有明确规定工伤的认定条件，在实际认定中，只能依据事实认定。

厚生劳动省劳动基准局在2003年3月出版的《劳灾保险制度的详解》涉及工伤认定的部分是采用以具体的事例[⑬]来说明如何判断"业务起因性"和"业务

---

⑬ 厚生劳动省劳动基准局劳灾补偿部劳灾管理科编．劳灾保险制度的详解．东京：劳务行政出版社，2003. 118～138．

从属性"的。对于工伤事故可能存在的不同情况下出现的负伤现象,在具体事例中都分别进行了可认定为业务伤害和不能认定业务伤害的分析说明,主要从以下几方面认定:

(1) 工作过程中。
(2) 工作业务的附带行为过程中。
(3) 作业的准备、作业后的收尾工作或待命过程中。
(4) 由于工作需要而采取的必要且合理的行为过程中。
(5) 执行紧急任务过程中。
(6) 在单位的休息设施内工作间歇中。
(7) 利用单位里的各种设施过程中。
(8) 在单位拥有的设施内从事活动过程中。
(9) 出差过程中。
(10) 赴任途中。
(11) 上下班途中。
(12) 参加运动会、宴会及其他企业组织的活动过程中。
(13) 疗养过程中。
(14) 发生自然灾害、火灾后的紧急救助行为过程中。
(15) 他人的故意行为引起的灾害中。
(16) 自己的故意行为带来的灾害中(如过劳自杀可视为工伤事故)。
(17) 其他原因导致的灾害中。

3. 通勤事故(上下班交通事故)的认定

与工伤保险制度有关的"通勤",是指职工为实现就业、按合理的路线和手段往返于住地与工作场所之间的行为。依据日本《工伤保险法》第 7 条第 1 款第 2 项,通勤事故是指起因于职工通勤行为的负伤、疾病、伤残或死亡的事故。因此,通勤事故认定就是判定发生的事故与通勤行为之间的因果关系,即是否"起因于通勤",由劳动基准监督署负责执行。

如果职工在上下班途中偏离了正常往返路途或中断该往返路途,这种偏离或中断过程及在这以后的往返将不被认作"通勤"。但是,如果这种偏离或中断对一般职工来说,是因不得已的事由而进行的日常生活必需行为,而且是在最小限度范围内的活动,那么,在除去该偏离或中断过程恢复到合理的途径以后,仍可认定为"通勤"。

这种日常生活中的必需行为包括以下几种:①购买日用品及其他类似用品行

为；②接受在公共职业能力开发设施开展的职业训练、在学校开展的教育及其他类似教育培训行为；③去行使选举权或相当于此类的行为；④去医院或诊所接受诊断或治疗及其他相当于此类的行为。

另外，在与通勤事故有关的工伤保险规定中还有体现日本带有特色的两种做法：

第一，规定了各行业一律缴纳工资总额的1‰作为通勤事故保险费；

第二，规定工伤职工在享受通勤灾害保险给付待遇时须支付不超过200日元的个人负担。这对于个人不缴纳保险费、接受治疗过程中个人零负担的工伤保险制度而言，是具有改革意义的内容。该规定的目的是象征性地强调非企业直接责任，意在强化员工的交通安全意识和自我保护责任意识。

4. "过劳死"的工伤认定

(1) "过劳死"问题的形成背景　从1947年开始，日本开始以"倾斜生产方式"进行战后经济的重建工作。即在资金和原料严重不足的情况下，先集中一切力量恢复和发展重工业，然后再以此带动整个经济的恢复和发展。如先集中力量恢复和发展煤炭生产，用生产出来的煤炭重点供应钢铁业，再用钢铁业的增产加强煤炭业，为的是不断形成煤和钢铁扩大再生产的能力，并以此为杠杆带动整个国民经济的恢复和发展。这一模式很快奏效，到1948年就出现了初步的经济好转迹象。由于得到美国的大力扶持与操控，实现了农地改革、解散财阀和劳动立法，经济的持续发展得到了保障。到了1955年，日本的主要经济指标基本达到或超过了战前最高水平，顺利地实现了经济的改组和恢复目标。从1956年开始，日本进入以赶超先进工业国家为目标、实现国民经济现代化的历史新阶段，到石油危机爆发的1973年为止形成了经济的高速发展时期。这一时期，日本实际国民生产总值每年平均增长10%以上，工业增长率则平均达到13.6%，国民生产总值占资本主义世界的比重、在资本主义世界的地位从第6位跃升到第2位，成为仅次于美国的第二经济大国。其罕见的长期、持续的高速增长被称为资本主义经济发展史上的"奇迹"。然而，这个时期也是埋下了日本过劳及"过劳死"祸根的时期。因为大好的经济恢复及增长形势和企业员工高涨的建设国家的劳动热情，使得一些劳动者和管理者不惜加班加点、拼命工作，开始出现体力透支。因此，与其说将日本"过劳死"问题的出现定格在20世纪七八十年代，不如将其与经济高速发展期相联系。当然，问题的突出和严重化始于1973年的石油危机。

突如其来的经济危机使日本经济发展形势遭到重创，进入20世纪70年代中期以后，日本经济转为低速发展时期。由于国内外经济形势的变化，日本的经济危机、生态危机和能源危机交织迸发，因此，日本不得不在经济政策和产业结构上进行适当调整。受其影响，企业开始解雇员工。为了家计就要设法避免被解雇，很多员工只好成为效益和效率至上的企业的牺牲品，即使在恶劣的劳动条件下也不得不努力工作。于是，在劳动时间延长、劳动强度加大、工作负担加重的工作条件下，员工的慢性疲劳聚积且持续发展。到了20世纪七八十年代，工作疲劳问题已成为威胁员工身心健康的严重问题，因中风和心脏病而死亡的员工急剧增加。仅在1987—1989年间，日本媒体曝光的"过劳死"事件就多达1 800例。过劳及"过劳死"问题的严重性开始显现。失去了家庭生活支柱的遗属们在悲痛之余，希望至少能通过获得工伤赔偿来维持家计。然而，由于缺少法律依据和立证经验，无论是工伤保险待遇申请还是要求企业赔偿的行为都无果而终。于是，他们只好在寄希望于民事法律诉讼的同时，与各方面的支持者特别是律师联合起来，开始了要求实现"过劳死"工伤认定的运动。1988年4月，在大阪最先出现了由律师发起的"'过劳死'110"热线电话咨询。同年6月，又举行了第一次"'过劳死'110"全国热线投诉活动。这次活动在社会上产生了极大反响和共鸣，过劳及"过劳死"之类的用语正是从此时变得人所共知的。1988年10月，"'过劳死'辩护律师团全国联络会"正式宣告成立，并于11月发起了全国范围的呼吁"过劳死"工伤认定运动。

进入20世纪90年代，由于受全球经济形势不景气以及亚洲金融危机的影响，日本经济继续下滑。为了扭转经济低迷状态，结合新的国内国际形势，日本开始对产业结构进行根本性改造，即用消耗资源少、附加产值高的知识密集型产业取代大量消耗资源、消耗劳动和产生公害的重工业和化工业。同时，在经济政策上也作了相应调整，即一方面鼓励垄断资本扩大资本输出，把能耗高、污染环境的产业转移到发展中国家去；另一方面大力扶植汽车、电子、精密机械、航空、原子能等工业部门的发展。员工的就业形势面临着新的变化，特别是面对日益严峻的市场竞争形势，政府为了支持企业提高国际竞争力，采取了放松劳动法规限制、提高企业的自由度、放任劳动时间的延长、放任企业采用灵活工作时间制度、允许扩大使用派遣劳动力、放任企业增加深夜工作的比重、随意排除或随时解雇员工等措施。在这些政策的支持下，企业开始进行雇员精简。于是，企业员工的劳动强度变大，承受的身心压力增加，相当多的人感到失去了生活自由、生命安全，身心健康也受到了严重威胁。过劳及"过劳死"现象的更加严重化成为必然。在上述情况下，"全国'过劳死'遗属会"、"全国劳动者生命和健康保护中心"相继成立。

(2)"过劳死"工伤认定及"过劳死"预防的民间推动 "'过劳死'辩护律师团联合会"成立20多年来,始终为在日本消除"过劳死"现象、为维护和争取"过劳死"员工及其遗属的权利而进行着不懈努力。随着律师们打赢的"过劳死"官司的增多,客观上对政府修改工伤认定法规形成了一定压力,也提供了一定的根据。2008年9月通过了要求政府制定《预防"过劳死"基本法》的决议。

"全国劳动者生命和健康保护中心"以"为消除'过劳死'、创造健康的、能持续工作的劳动环境而奋斗"为目标,在成立之初,就在医生、医学研究人员和工会组织成员等共同协作下、发放了由东京医学研究中心编著的《过劳死预防手册》。该手册不仅通俗易懂,为忙于日常工作的人们汇集了他们应该了解的预防"过劳死"的基础知识,还就如何有效地利用《劳动基准法》《劳动安全卫生法》争取劳动者应有的权利等进行了解说。

"'过劳死'110投诉热线"从设立之初开始一直到现在,规模不断扩大,已在全国范围内形成了投诉热线网络,作为一种强大的"过劳死"预防、举报和社会监督力量,它发挥的作用是不可轻视的。

(3)"过劳死"工伤认定的实现 1987年,劳动省曾颁布实施了有关脑血管和心脏疾患的工伤认定标准,但只适用于工作过程中由于负伤引发的情况,不涉及劳累的累积过程和劳累程度等因素。经过上述各民间力量的不懈努力,特别是"过劳死"辩护律师团的成功辩护案例的增多,政府面临的修改工伤认定标准的压力也越来越大。1995年2月,日本劳动省终于针对脑血管和心脏疾患的工伤认定标准作了重要修订,发布了"关于脑血管疾患及缺血性心脏疾患(负伤引发的除外)认定标准",明确了判定"过劳死"工伤认定的法律依据,第一次将过度工作劳累导致的职业健康损害列入了工伤认定范畴,也第一次在政府法规中正式使用了"过劳死"一词。

综上所述,尽管从20世纪七八十年代开始"过劳死"现象就多发于日本,并且针对该现象发起的民间呼吁活动愈演愈烈,但直到1995年2月,日本官方才正式将"过劳"列为职业伤害的一种,足见问题本身的复杂性。实际上,此时还仅仅是针对过劳导致的死亡鉴定为职业伤害进行了立法,尚未涉及过劳自杀死亡的情况。

也就是说,鉴于问题本身的极端复杂性,"过劳自杀死"能否也被认定为工伤的问题当时仍被搁置了起来,以至于1999年以前既无相关的行政标准,也没有明确的工作方针。随着过劳自杀案件及过劳自杀工伤认定申请的大量增加,在民间"过劳死"预防机构及医学研究者、律师、工会组织的推动下,日本政府终于在1999年9月14日制定并公布了过劳自杀死的工伤认定标准——《有关心理负担导致的精神障碍等与业务关联与否的判断指南》(基发第544号,通常被简称为《精神障碍等的判断指南》)。该认定标准与经过修改的"过劳死"工伤认定标准的共同实施,从立法上实现了单纯的"过劳死"和过劳自杀死都属于"过劳死"的确认,使得以过劳为起因的法定工伤事故范围逐渐扩大,被认定为过劳致死而享受工伤保险待遇的人员逐渐增多,更多的劳动者及其遗属的权益有了法律保障。

总之,由于社会政治经济背景方面的非技术原因和医学技术等方面的原因,日本的"过劳死"("过劳死"及过劳自杀死)被作为职业伤害得到法律承认的过程是艰难和漫长的,经历了"过劳死"现实的日益严峻化—遗属及民间团体的强烈呼吁—"过劳死"投诉热线的设立—辩护律师团联合会的结成—"过劳死"诉讼—胜诉案例增多—劳动行政机构面临压力—立法探讨开始—"过劳死"工伤认定立法的艰难历程。它是无数的员工遗属、律师、劳动者团体以及民间人士不懈努力促成政府立法的结果。

(4)"过劳死"工伤认定标准的修订 不难想象,"过劳死"的认定是极为复杂的,例如在过劳尺度的确立、过劳与否的判定、过劳同死亡的因果关系的确认、"过劳死"与旧病复发死的关系界定等方面的难度,使得"过劳死"认定标准的制定及修订比其他标准的制定更为艰难。但是,在"过劳死"预防行政组织和研究机构的积极推动下,同其他法规标准一样,日本的"过劳死"认定标准自颁布实施以来也经过了数次的修订。其结果是使可被认定为过劳的范围逐渐扩大,被认定为过劳致死而享受工伤保险待遇的人员逐渐增多。最具重要意义的修订是2001年12月12日厚生劳动省发布的"关于脑、心脏疾患的认定标准"(基发第1063号通知)。

尽管1995年和1999年,日本政府相继颁布实施了针对"过劳死"工伤认定和过劳自杀死工伤认定标准,但都无一例外地将"过劳"作为事故前一周为止的突发事件来对待,而没有考虑能够导致人体身心状态受到损害的"过劳"是要有一个蓄积的过程的客观现实,因而都还带有片面性,是缺乏科学性依据的标准。2001年底的修订的最大特点就在于在"过劳死"原因中增加了"日积月累的工作疲劳和紧张"这一项,将过劳死与劳动状态的因果关系的判断时间间隔从原则上"症状前一周"扩大到"症状前6个月",另外,将导致"疲劳"形成的加班时间标准规定为症状前1个月内100小时或每月平均80小时以上。另外还把工作时间的规律性、出差的次数、办公场所的温度状况和噪声等也作为关键指标考虑在内。从而较大程度地缓解了"过劳死"的工伤认定条件,使得"过劳死"的工伤认定更具人性化和科学化。此次重大修订在日本好评如潮，被认为是一个里程碑事件。

针对新的经济形势下出现的劳动者精神健康伤害的新表现，2009年4月6日，厚生劳动省又对1999年制定的《精神障碍等的判定指南》进行修订，增加了忧郁症等精神疾患者自杀的工伤认定基准，将疲劳导致的心理负担评价项目从31个增加到43个。其中规定的造成员工心理负担等级最强的项目是"被有权势的领导所嫌弃"。

概括地说，"过劳死"的工伤认定实现之后，目前日本的"过劳死"处理及"过劳死"预防是通过一个制度、一本手册和一部电话实施的。一个制度是指依据日本的《劳动者灾害补偿保险法》实施的工伤保险制度；一本手册是指"劳动者生命和健康保护中心"发布的《过劳死预防手册》；一部电话则是众人皆知的"'过劳死'110投诉热线"。

此外，有关"过劳死"专题学术研讨会的举办，吸引着众多来自工伤事故职业病对策组织、全日本民主医疗机构联合会等的医学、法学、经济学、工学专家以及安全卫生学专家、律师、医生。他们发表的研究成果和提出的预防"过劳死"问题的建议起着帮助和支持政府决策的作用。

我国的工伤认定，目前尚未将"过劳死"列为工伤认定范围，但从发展趋势上看这种认定与否的讨论不容回避，所以研究日本在过劳死工伤认定标准建设过程中的经验教训是有一定意义的。

5. 工伤认定的新动向

（1）放宽了"过劳死"及过劳自杀死的工伤认定标准　日本不仅于1995年2月出台了《脑血管疾患及虚血性心疾患等（负伤引起的除外）的认定标准》（由于不包括负伤引起的情况在内，所以这是一个针对"过劳死"的工伤认定标准），而且随后以较快的频率进行修订，如1996年2月及1997年对该标准的修订、1999年过劳自杀死工伤认定的出台、2001年将"过劳"判定的时间参考范围大幅度扩大、2009年3月以忧郁症等精神疾患者的工伤认定为重点补充内容的标准修订等，表现出对"过劳死"及过劳自杀死工伤认定条件的逐步放宽趋势。

（2）已被放宽的通勤事故的认定条件　2005年10月26日，日本国会第163次会议通过了对工伤保险制度内容的部分修订案，其中就包括放宽通勤事故认定的条件在内。如，对兼职者和对单身赴任者（被只身派遣到外地工作的员工）通勤事故的认定：

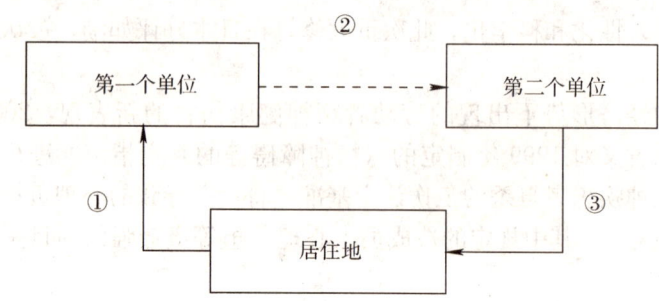

图 3—3 对兼职者通勤灾害认定标准的变化示意图

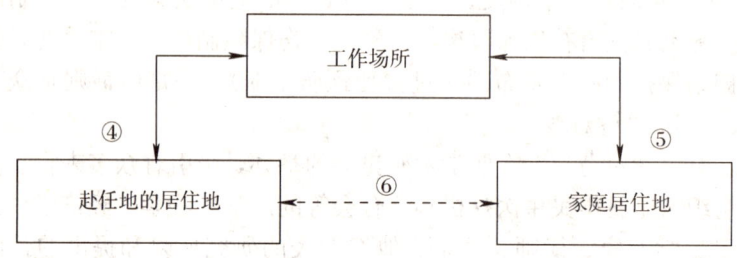

图 3—4 对单身赴任者通勤灾害认定标准的变化示意图

如图 3—3 和图 3—4 所示，标准修改之前，只有①、③、④、⑤情形时才可能被认定为通勤事故，而虚线部分的②和⑥情况（过程）是不被考虑的。新的修改将通勤事故工伤认定条件由目前的"员工在住宅地与工作单位之间的合理线路及方法往返通勤过程中发生的交通事故"和"单身赴任者从家属居住地到工作单位路途间发生的交通事故"改为"有兼职的员工从本单位到兼职单位的移动过程等单位与单位间的移动过程中，单身赴任者从赴任地的住宅到家属居住的本来的住宅之间的移动过程"发生的交通事故都列为认定的范围。即从第一职业到第二职业工作场所间的移动过程中发生的交通事故、从单身赴任地区回自己的居住地路途中发生的交通事故，都可作为上下班事故，按工伤保险的有关规定享受赔偿待遇。

二、职业病及职业病鉴定

从对日本的有关职业病鉴定法律规定的调查可以发现，工伤保险法中对企业主必须协助工伤职工或其遗属申请工伤保险待遇等做出了明确规定。如果企业主拒绝出具对事故事实的证明或拒不盖章的情况下，工伤职工或其遗属有权直接向劳动基准监督署进行情况说明并提交申请材料。另外，申请工伤医疗待遇的工伤职工可以通过实行救护或治疗的工伤医院向劳动基准署提出工伤认定申请。

日语里虽然也有"职业病"这个词语，但它被认为既包含《劳动基准法》中所指的业务性疾病，又包含因从事某种特定职业容易罹患的、尚未被明确地证明是否与所从事的工作有关的疾病这两方面意思，即有"广义职业病"和"狭义职业病"之分。然而，并不是所有的职业病都被列入可享受工伤保险待遇范畴之列的。故日本厚生劳动省法令中使用的正式法律用语是"业务性疾病"。以下，按照我国的专业表达习惯将其译为"法定职业病"或职业病。

1. 有关职业病的立法

（1）《劳动基准法》中的相关规定

①第75条第1款规定：职工因业务上的原因负伤或患病，雇主必须为其提供所需的治疗及治疗费用。

②第77条规定：职工因工作业务上的原因负伤或患病，治疗期结束后留有残疾的，雇主必须按照附表2规定的计算标准付给与其伤残程度相对应的残疾补偿。

③第84条规定：雇主在依照《劳动者灾害补偿保险法》或厚生劳动省令实施了本法所规定的灾害补偿的情况下可被免除本法对其规定的赔偿责任。

（2）《劳动者灾害补偿保险法》中的相关规定

①该法第12条第8款第2项规定：对由于《劳动基准法》第75条～第77条、第79条～第80条中规定的情况引发的灾害事故，向应得到补偿的职工或其遗属或葬礼承办者支付前一项[19]中所述的保险给付（伤病补偿年金及护理补偿给付除外）。

②第12条中专门对因工受伤或死亡或患职业病的职工工伤医疗待遇、歇工补贴、伤残补偿待遇和遗属抚恤等保险支付做出了具体规定。

（3）《劳动基准法施行规则》中的相关规定　第35条的规定：根据劳基法第75条第2款，业务上的疾病是指附表1—2中列出的疾病。

2. 职业病认定

（1）职业病分类及范围　为了减轻受害职工本人的立证责任，在推断发病与工作业务间存在的因果关系之基础上，立法部门在《劳动基准法》第75条第2款中确定了职业病类别，公布在《劳动基准法实施规则》第35条附表1—2中的，见表3—5。表中包括因工作中负伤导致的职业病、与所从事的工作有密切因果关系的职业病、以厚生劳动大臣名义规定的职业病和已被确认起因于工作方

---

[19]　指《劳动者灾害补偿保险法》第12条第8款第1项中列出的七种保险给付。

面原因的其他职业病等几大类别。

表 3—5　职业病类别、范围及认定基准

编号	分类	职业病范围及鉴定标准
一	工作中负伤导致的职业病	1. 工作原因导致的腰痛病（认定依据：关于工作原因引起的腰痛的认定标准〔1976 年 10 月 16 日　基发第 750 号〕）； 2. 工作原因导致的脊椎损伤并发症（认定依据：关于脊髓损伤并发症的处理。〔1993 年 10 月 28 日　基发第 616 号〕）； 3. 工作原因导致的脑血管及缺血性心疾患（认定依据：脑血管疾病及缺血性血脏疾病的认定标准〔1987 年 10 月 26 日　基发第 620 号〕）
二	物理因素导致的职业病	1. 从事照射紫外线的工作导致的前眼部疾患或皮肤病； 2. 从事照射红外线的工作导致的视网膜灼伤、白内障等眼疾或皮肤病； 3. 从事激光照射工作导致的视网膜灼伤等眼疾或皮肤病； 4. 从事微波照射工作导致的白内障等眼疾； 5. 从事照射电离放射线工作导致的急性放射症、皮肤溃疡等放射性皮肤病、白内障等放射性眼病、放射性肺炎、再生障碍性贫血等造血功能障碍、骨坏死及其他放射线伤残（认定依据：关于是否因工作原因罹患电离放射类疾病的认定标准〔1976 年 11 月 8 日　基发 810 号〕）； 6. 高压仓内作业或潜水作业等导致的潜函病或潜水病（认定依据：高压作业导致潜函病、潜水病的认定标准〔1961 年 5 月 8 日　基发第 415 号〕）； 7. 低气压作业场所作业导致的高原病或航空减压病； 8. 高温作业场所作业导致的热中暑症； 9. 处理高温物体导致的烫伤； 10. 寒冷场所作业或处理低温物体作业时导致的冻伤； 11. 在高噪音声源从事作业导致的职业性难听等耳病； 12. 从事照射超声波工作导致的手指等组织的坏死； 13. 除上述 1～12 外的其他能表明与物理因素起因有关的疾病
三	劳动负荷过重导致的职业病	1. 过激作业导致的肌肉、腱、骨或关节疾病，或内脏脱垂； 2. 从事重物处理作业、由于不良作业姿势造成对腰的过度负担以及其他对腰带来过度负担的作业导致的腰痛； 3. 操作凿岩机、气钻、链锯机等机械使身体发生振动的作业引发的手指、前腕等的末梢循环障碍、末梢神经系统障碍或运动器官障碍； 4. 从事打孔、盖章、电话接线或速记等业务，操作收款机的作业，使用带扳机的工具作业等对上肢带来过度负担的劳动所导致的手指痉挛、手指前腕等处的腱、腱鞘或腱周围的炎症及颈肩腕症候群； 5. 除 1～4 以外的与从事对身体带来过重负荷作业所导致的其他疾病
四	化学物质导致的职业病	1. 因从事有厚生劳动省指定的单体化学物质及化合物（包括合金）危害影响的作业、患被厚生劳动省认定的疾病； 2. 因从事与氟乙烯树脂、氯乙烯树脂、丙烯树脂等合成树脂的热分解生成物的危害有关的作业所导致的眼黏膜炎症或者气管黏膜炎症等呼吸器官疾患； （以下 3～8 条，略）

续表

编号	分类	职业病范围及鉴定标准
五	（见右侧）	从事带有扬尘作业所导致的尘肺病或与《尘肺法》中指定的与尘肺并发的、《尘肺法施行规则》第1条列出的各种疾病
六	与细菌、病毒的病原体有关的疾病	1. 由于治疗或看护病人或从事科学研究的，需要接触病原体而导致的传染病； 2. 从事处理动物或动物尸体、兽毛或兽皮及其他动物体或陈旧古物的作业所导致的布鲁氏感染、炭疽病等传染病； （以下3~8条，略）
七	在有致癌物、致癌因子或致癌工程危害的环境中作业引起的疾病	1. 在有汽油挥发的环境中工作导致的尿路系统肿瘤； 2. 在有β—苯胺危害的环境中工作导致的尿路系统肿瘤； （以下3~18条，略）
八	厚生劳动大臣指定的其他疾病（见1981年劳动省告示第7号）	1. 在超硬合金粉屑飞溅的作业场所中从事作业导致的支气管肺炎； 2. 在生产亚铬黄或铬黄的场所从事作业导致的肺癌； 3. 从事与苯胺类相关联的作业导致的尿路系统肿瘤
九	判明的其他起因于工作原因的疾病	1. 脑血管疾患及缺血性心疾患等（负伤引发的除外）； 2. 由于心理负担引起的精神障碍（包括精神障碍导致的自杀）

注：1. 表头及栏目为作者所设。
2. 全部职业病鉴定标准的查阅详见 http://www.joshrc.org/~open/kijun/list.htm。

值得注意的是，近年来，随着2008年《精神障碍判定指南》的最新修订，对起因于过重劳动的脑血管疾病或心脏疾病患者的工伤认定标准的改进，忧郁症患者、精神心理系统障碍者以及十二指肠溃疡等消化系统患者享受工伤保险待遇已成为可能，即按第9类原因进行的职业病工伤认定有逐步扩大的趋势。

对于违法隐瞒或谎报本企业职业病患者发病情况的企业主，《劳动基准法》第120条和《劳动者灾害补偿保险法》第51条分别规定了处以50万日元以下的罚款、6个月劳役或30万日元以下罚款的处罚办法。

（2）单项职业病诊断标准　职业病鉴定的最关键内容就是必须对当事者所从事的工作与所患疾病之间的因果关系进行立证。由于认定三要素（作业现场有害因素的存在、因工作原因当事人置身于危害因素存在的环境中、一定的时间过程和病状）涉及多方面的专业知识，所以职业病鉴定是一项难度很大的工作。为了减少工作难度、统一各劳动基准监督署的认定尺度，日本政府对职业病类别中的每一种疾病都分别制定了以"厚生劳动省令通知"的形式发布的单项职业病诊断标准[20]（见表3—5）。

3. 工伤医师的任命及其职责

为了保证伤残鉴定、职业病鉴定、保险给付及保险业务的科学性，日本还设有工伤医师（日语为"劳灾医员"）制度。其法律依据是《工伤医师规程》（2001年1月6日厚生劳动省训第36号）。

工伤医师分为中央工伤医师和地方工伤医师。中央工伤医师是从属于厚生劳动省劳动基准局、由厚生劳动大臣从具有丰富的工伤诊治学识及经验的医生中任命的；地方工伤医师从属于地方劳动局、由地方劳动局局长根据厚生劳动省的训令任命的。前者接受厚生劳动大臣、后者接受地方劳动基准局局长的指示开展工作，他们都享受非常勤国家公务员待遇。

工伤医师的职责是对依据工伤保险法所实施的保险给付、对依据《劳动基准法》所开展的伤害补偿业务，从医学的角度向劳动基准监督署署长提出口头或书面建议。具体分工是：

地方工伤医师在劳动基准监督署署长做出保险给付决定时，要基于担当医生或指定医生的诊断结论，就受害职工的负伤、疾病与其所从事的工作之间的因果关系以及伤残或职业病导致的状态提出意见书。另外，在劳动保险审查员针对不服申诉作出审查结论时，要站在行政厅的角度发表见解。

中央工伤医师的职责是对依据工伤保险法所实施的保险给付、对依据《劳动基准法》所开展的伤害补偿业务，从医学的角度向劳动基准局局长或相关人员提出口头或书面意见；按照劳动基准局局长的指示实施对相关职员的医学知识培训；对地方工伤医师感觉棘手的问题与其一起进行妥善处理。另外，当针对劳动基准监督署的不服申诉再审查被实施或劳动基准监督署被提起诉讼时，中央工伤医师要站在行政厅的角度为劳动基准监督署署长所做的保险给付决定的正确性提供证据，必要时出具工作业务与疾病之间因果关系的证明资料，作为证人出庭陈述。

总之，工伤医师是根据《工伤医师规程》、从医学专业的角度对劳动基准监督署署长所做的各种给付决定提出建议。他们虽然是作为厚生劳动行政部门的助手存在，但其在工伤保险行政管理，特别是工伤认定、伤残鉴定中发挥的重要作

---

[20] 各种职业病的认定基准可详见 http://www.joshrc.org/~open/kijun/list.htm。

第三章 日本工伤保险体制研究

用是毋庸置疑的。

三、伤残鉴定及致残等级

1. 伤残鉴定

日本在工伤保险给付和养老保险等制度的给付中都包含有针对残疾者的赔付项目，并且在具体给付规定中都设有一次性给付和长期给付（养老给付）项目。然而，二者在给付申请的规定上存在着明显的差别。年金社会保险伤残给付的申请者可以从伤病治疗之日起最迟不超过一年半的时间内请求进行伤残鉴定，而工伤保险的伤残给付申请必须在工伤伤病痊愈后或工伤医疗期结束后才能进行。也就是说，日本的工伤保险法原则上规定在工伤职工伤病痊愈或痊愈无望被结束治疗活动之前不对其进行致残程度的鉴定。是否已经痊愈或是否可以结束工伤医疗行为的结论首先由工伤保险指定医院的主治医生做出判断、然后由政府对其进行认可后才能成立。

日本的工伤致残程度鉴定及支付标准的确定由各地方（都、道、府、县）劳动局下属的劳动基准监督署负责实行。劳动基准监督署的工作人员根据伤残等级表或业务性疾病（职业病）认定标准和医生的诊断意见对申请者进行致残程度评级，并对符合《劳动者灾害补偿保险法施行规则》第 14 条附表 1 "致残等级表"[21] 1~14 级中的任何一种状况的工伤职工支付伤残补偿待遇。其中，对伤残等级为 1~7 级者支付长期性的伤残年金待遇，对伤残等级为 8~14 级的工伤职工支付一次性伤残抚恤金。

如果同一位职工因为同一起工伤事故导致两处以上器官致残的情况下，以其中受害程度严重的器官的伤残状态为准确定伤残等级。当两处器官以上的致残等级都超过 8 级以上时，其中程度严重的器官的致残等级可以被上调两级；当两处器官以上的致残等级都超过 5 级以上时，其中程度严重的器官的致残等级可以被上调三级；其他情况则只上调一级。

此外，如果受工伤损害的器官原来就有伤残（包括先天残疾）、因本次事故发生加重了致残的程度，则新的致残程度鉴定以本次医疗期满时实际的致残状态为依据进行。但向伤残者支付伤残补偿金时，是支付扣除其原本享受的伤残补偿

---

[21] 该伤残等级表与《劳动基准法》施行规则第 40 条中规定的伤残等级表是一致的。

之后的数额。当原有的残疾也是由于工伤事故而形成的情况下，致残程度恶化后的伤残补偿所采用的给付基础日额标准与原有补偿所采用的基础日额标准是不一致的，所以实行分别支付的做法。

需要说明的是，日本工伤保险伤残给付制度还规定，当发生过工伤事故且已被定残的职工日后旧伤复发时，他（她）将按照工伤保险法的规定重新接受工伤治疗而不再继续享受伤残年金补偿待遇。

2. 工伤致残等级概要

工伤致残等级是以劳动能力丧失率为基准确定的。各致残等级的劳动能力丧失率及各等级的伤残补偿支付标准见表3—6。

表3—6　　　　　　　　　伤残等级的概要[22]

致残等级	劳动能力丧失率	伤残给付的类别	伤残补偿待遇的支付额
第1级	100%	年金给付	给付基础日额×313日（每年支付）
第2级			给付基础日额×277日（每年支付）
第3级			给付基础日额×245日（每年支付）
第4级	92%以上		给付基础日额×213日（每年支付）
第5级	79%以上		给付基础日额×184日（每年支付）
第6级	67%以上		给付基础日额×156日（每年支付）
第7级	56%以上		给付基础日额×131日（每年支付）
第8级	45%以上	一次性给付	给付基础日额×503日（一次支付）
第9级	35%以上		给付基础日额×391日（一次支付）
第10级	27%以上		给付基础日额×302日（一次支付）
第11级	20%以上		给付基础日额×223日（一次支付）
第12级	14%以上		给付基础日额×156日（一次支付）
第13级	9%以上		给付基础日额×101日（一次支付）
第14级	5%以上		给付基础日额×56日（一次支付）

注：给付基础日额——原则上是《劳动基准法》第12条规定的"事故发生日前的三个月内的平均工资"，但又与之有着以下三方面的不同：第一，小数点后的数字处理不同，不是像计算平均工资那样将其舍去而是全部进位；第二，三个月内如有非工作原因的病休或护理家属休假的情况，则在计算时扣除其天数及其工资额后再进行计算；第三，给付基础日额随工资变动指数而调整。

[22] 资料来源：http://www.fujisawa—office.com/rousai8.html。

在确定上表所示的致残状态与劳动能力丧失率之间的对应关系时,日本是将涉及眼、耳、鼻、口、神经系统或精神残疾、头脸颈部、胸腹部脏器、脊柱及其他主要骨骼、上肢和下肢等部位的近 140 种类型的伤残状态进行了分类,制定出 1~14 个级别的伤残等级表,见表 3—7。劳动基准监督署在对工伤职工或职业病患者进行致残程度鉴定时,就是以该表为基准、结合工伤保险医院医生出具的"医生医学证明"中对当事者伤残具体部位及伤残状态做出的诊断结论来确定其致残级别的。

表 3—7　　　　　　　　　　伤残等级表㉓

伤残等级	支付标准	伤残状态
第 1 级	生存期间每年支付 313 天的给付基础日额	1. 双目失明者;2. 咀嚼及语言能力丧失者;3. 神经系统机能或精神上留有显著残疾、需要常年护理者;4. 胸腹部脏器机能有显著残疾、需常年护理者;5.（本条目取消）;6. 双上肢肘关节以上缺失者;7. 双上肢功能完全丧失者;8. 双下肢膝关节以上缺失者;9. 双下肢功能完全丧失者
第 2 级	生存期间每年支付 277 天的给付基础日额	1. 一只眼失明、另一只眼视力为 0.02 以下者;2-1. 双眼视力均为 0.02 以下者;2-2. 神经系统机能或精神上留有显著残疾、随时需要护理者;2-3. 胸腹部脏器机能有显著残疾、随时需要护理者;3. 双上肢手关节以上缺失者;4. 双下肢足关节以上缺失者
第 3 级	生存期间每年支付 245 天的给付基础日额	1. 一只眼失明、另一只眼视力为 0.06 以下者;2. 咀嚼或语言能力丧失者;3. 神经系统机能或精神上留有显著残疾、不能从事经常性劳动者;4. 胸腹部脏器机能有显著残疾、不能从事经常性劳动者;5. 双手十指全部缺失者
第 4 级	生存期间每年支付 213 天的给付基础日额	1. 双眼视力变为 0.06 以下者;2. 咀嚼及语言能力有明显障碍者;3. 双耳听力完全丧失者;4. 一侧上肢肘关节以上缺失者;5. 一侧下肢膝关节以上缺失者;6. 双手手指功能完全丧失者;7. 双足足根中足关节以上缺失者
第 5 级	在生存期间每年支付 184 天的给付基础日额	1-1. 一只眼失明、另一只眼视力变为 0.1 以下者;1-2. 神经系统机能或精神上留有显著残疾、只能从事轻度劳动者;1-3. 胸腹部脏器机能有显著残疾、只能从事轻度劳动者;2. 一侧上肢手关节以上缺失者;3. 一侧下肢足关节以上缺失者;4. 一侧上肢完全丧失功能者;5. 一侧下肢完全丧失功能者;6. 双足脚趾全部缺失者

㉓ 《劳动者灾害补偿保险法施行规则》(1955 年 9 月 1 日劳动省令第 22 号)第 14 条附表 1。

续表

伤残等级	支付标准	伤残状态
第6级	生存期间每年支付156天的给付基础日额	1. 两眼视力变为0.1以下者；2. 咀嚼或语言能力有明显障碍者；3—1. 双耳听力降低到需紧贴其耳大声讲话的程度者；3—2. 一侧听力完全丧失、另一侧听力降低到40厘米外听不见普通音量的讲话声者；4. 脊柱严重变形或导致运动障碍者；5. 一侧上肢三大关节中的两个关节的功能完全丧失者；6. 一侧下肢三大关节中的两个关节的功能完全丧失者；7. 单手5个手指或包括拇指在内的4个手指缺失者
第7级	生存期间每年支付131天的给付基础日额	1. 一只眼失明、另一只眼视力变为0.6以下者；2—1. 两耳听力降低到40厘米外听不见普通音量的讲话声者；2—2. 一侧听力完全丧失、另一侧听力降低到1米外听不见普通音量的讲话声者；3. 神经系统机能或精神上留有残疾、只能从事轻度劳动者；4. （本条目取消）；5. 胸腹部脏器机能留有残疾、只能从事轻度劳动者；6. 单手5个手指或包括拇指在内的4个手指的功能完全丧失者；7. 单足足根中足关节以上缺失者；8. 一侧上肢残存假关节、导致明显运动障碍者；9. 一侧下肢残存假关节、导致明显运动障碍者；10. 双足脚趾完全丧失功能者；11. 女性外貌严重被毁者；12. 双侧睾丸缺失者
第8级	一次性支付503天的给付基础日额	1. 一只眼失明、另一只眼视力变为0.02以下者；2. 脊柱有中等程度变形者；3. 单手包括拇指在内的2个手指或拇指以外的3个手指缺失者；4. 单手包括拇指在内的3个手指或拇指以外的4个手指功能丧失者；5. 一侧下肢缩短5厘米以上者；6. 一侧上肢的三大关节中的一个关节的功能丧失者；7. 一侧下肢的三大关节中的一个关节的功能丧失者；8. 一侧上肢留有假关节者；9. 一侧下肢留有假关节者；10. 单足脚趾全部缺失者；11. 脾脏或一侧肾脏缺失者
第9级	一次性支付391天的给付基础日额	1. 两眼视力变为0.6以下者；2. 一只眼视力降为0.06者；3. 两眼半盲症、视野狭窄或视野变异者；4. 两眼的眼睑有明显损伤者；5. 鼻缺损、其功能有显著障碍者；6—1. 咀嚼及语言功能有障碍者；6—2. 两耳听力降低到1米外听不见普通音量的讲话声者；6—3. 一侧听力降低到只能听贴近耳边的大声讲话、另一侧听力降低到听1米外普通音量的讲话声困难者；7—1. 一只耳的听力完全丧失；7—2. 神经系统机能或精神上留有残疾、能从事的工作非常有限者；7—3. 胸腹部脏器机能留有残疾、能从事的工作非常有限者；8. 一只手拇指或拇指以外的两手指缺失者；9. 一只手包括拇指在内的两手指或拇指以外的三个手指完全丧失功能者；10. 单脚包括拇指在内两个以上脚趾缺失者；11. 单脚脚趾功能全部丧失者；12. 生殖器有严重损伤者

第三章　日本工伤保险体制研究

续表

伤残等级	支付标准	伤残状态
第10级	一次性支付302天的给付基础日额	1-1. 一只眼视力降为0.1以下者；1-2. 正面看东西有重影者；2. 咀嚼或语言功能有障碍者；3-1. 需要补14颗以上牙齿者；3-2. 两耳听力降低到听1米外普通音量的讲话声困难者；4. 一侧听力降到只能听贴近耳边的大声讲话声音者；5. 消除；6. 一只手的拇指或拇指以外的两手指功能完全丧失者；7. 一侧下肢缩短3厘米者；8. 单脚大拇指或大拇指以外的其他四脚趾缺失者；9. 一侧上肢的三大关节中的一个关节的功能有明显障碍者；10. 一侧下肢的三大关节中的一个关节的功能有明显障碍者
第11级	一次性支付223天的给付基础日额	1. 两眼眼球有明显的调节障碍或转动障碍；2. 两眼的眼睑有活动障碍者；3-1. 一只眼的眼睑有严重缺损者；3-2. 需要补10颗以上牙齿者；3-3. 两耳听力降低到听不到1米外小声讲话声者；4. 一侧听力降低到听不到40厘米外普通音量的讲话声者；5. 导致脊柱变形者；6. 一只手的食指、中指或无名指缺失者；7.（本条目取消）；8. 单脚包括大拇指在内的两脚趾功能丧失者；9. 胸腹部脏器有损伤者
第12级	一次性支付156天的给付基础日额	1. 一只眼眼球留有明显的调节障碍或转动障碍；2. 一侧眼睑有明显活动障碍者；3. 需要补7颗以上牙齿者；4. 一只耳耳廓的大部分缺损者；5. 锁骨、胸骨、肋骨、肩胛骨或骨盆有显著变形者；6. 一侧上肢的三大关节中的一个关节有功能障碍者；7. 一侧下肢的三大关节中的一个关节有功能障碍者；8-1. 长管骨发生变形者；8-2. 一只手小指缺失者；9. 一只手中指或无名指缺失功能者；10. 单脚的第2个脚趾缺失者、包括第2个脚趾在内的两个脚趾缺失者或第3个脚趾以下的3个脚趾缺失者；11. 单脚大拇指或不包括拇指在内的其他4个脚趾功能丧失者；12. 有局部的顽固性神经症状者；13. 男性外貌被严重毁容者；14. 女性外貌被毁者
第13级	一次性支付101天的给付基础日额	1. 一只眼视力降为0.6以下者；2. 一只眼半盲症、视野狭窄或视野变异者；3-1. 双侧眼睑有部分缺损或睫毛脱落者；3-2. 需要补5颗以上牙齿者；4. 单手小指缺失者；5. 单手拇指的部分指骨缺失者；6.（本条目取消）；7.（本条目取消）；8. 一侧下肢缩短1厘米以上者；9. 单足第3个脚趾以下的一个或两个脚趾缺失者；10. 单足第2个脚趾功能完全丧失者、包括第2个脚趾在内的两个脚趾的功能完全丧失者或第3个脚趾以下的三个脚趾的功能完全丧失者

续表

伤残等级	支付标准	伤残状态
第14级	一次性支付56天的给付基础日额	1.一侧眼睑有部分缺损或有睫毛脱落者；2—1.需要补3颗牙齿者；2—2.一侧听力降低到听不到1米外小声讲话声音者；3.上肢表面留下手掌大疤痕者；4.下肢表面留下手掌大疤痕者；5.（本条目取消）；6.单手拇指以外的手指指骨有部分缺损者；7.单手拇指以外的手指的远位指节间关节不能自由屈伸者；8.单脚的第3个脚趾以下的一个或两个脚趾的功能完全丧失者；9.导致局部神经症状者；10.男性外貌被毁者

3. 关于致残等级的变更

对于每年领取伤残年金给付的1～7级残疾者而言，其致残等级是可以进行变更的。即工伤保险制度规定当事者每年逢自己生日那天要向劳动基准监督署提交一份《定期报告书》，其中必须附有医生的诊断书。如果劳动基准监督署依据医生的诊断书认可了致残程度的加重或减轻的程度，就会对当事者做出残疾程度变更的决定。但是，对于享受一次性伤残补偿的8～14级残疾者而言，不管其伤残状况如何恶化，原则上是不对其致残等级进行变更的。这是因为现有的补偿机制决定了在向伤残者支付一次性伤残抚恤金的同时就意味着针对该种伤残的工伤保险支付已经完成的缘故。

第六节　工伤保险待遇

工伤保险的保险给付是以恢复、补偿因劳动灾害或通勤事故而损失的职工谋生能力为直接目的而存在的。它与民法上的损害赔偿的不同主要在于：一是执行无过失补偿原则，二是保险给付内容中不包括对受害者的精神损害补偿及物质损害补偿。

一、工伤保险待遇概要

日本的工伤保险待遇分为两大类。一类是针对劳动灾害（包括工伤事故和职业病）的受害者或其遗属的保险待遇，另一类是针对通勤事故的受害者或其遗属的保险待遇。区分这两大类待遇的办法是看其名称中有无"补偿"一词。即与劳动灾害相关的保险给付项目名称中都带有"补偿"，如"疗养补偿给付"、"歇工补偿给付"等。而"疗养给付"和"歇工给付"则表示是由通勤事故引发的保险给付内容。有无"补偿"一词不仅仅给区分两大类保险待遇带来了方便,更重要的是它反映了适用于工伤保险制度的通勤事故与劳动灾害事故具有"质"上的不同。这也是享受通勤事故保险待遇的职工要自我负担不超过 200 日元工伤医疗费的根据。

日本的《劳灾保险法》第三章第一节中具体规定了保险待遇的种类、条件及内容,见表 3—8。

表 3—8　　　　　　　　　　工伤保险待遇概要

保险待遇的种类		保险待遇的条件	保险待遇的内容	特别给付金
疗养补偿给付(相当于我国的工伤医疗待遇) *疗养给付		因劳动灾害或通勤事故遭受伤害、在工伤医院或工伤指定医院接受治疗期间	必要的工伤医疗待遇	
		因劳动灾害或通勤事故遭受伤害、在工伤医院或工伤指定医院以外的机构接受治疗期间	支付全部必要的医疗费	
歇工补偿给付 *歇工给付		因劳动灾害或通勤事故遭受伤害、接受治疗而无法劳动和获得工资时	从歇工第 4 天开始,每休息一天支付 60%的给付基础日额	从歇工第 4 天开始,每休息一天支付 20%的给付基础日额
伤残补偿给付或伤残给付	伤残补偿年金 *伤残年金	因劳动灾害或通勤事故遭受伤害、治疗过程结束后被鉴定为 1~7 级残废时	根据伤残等级每年支付 313~131 天的给付基础日额	(伤残特别支付金)根据不同的伤残等级一次性支付 342 万~159 万日元 (伤残特别年金)根据伤残等级每年支付 313~131 天的算定基础日额
	一次性伤残补偿金 *一次性伤残金	因劳动灾害或通勤事故遭受伤害、治疗过程结束后被鉴定为 8~14 级残废时	按伤残等级一次性支付 506~56 天的给付基础日额	(伤残特别支付金)根据不同的伤残等级一次性支付 65 万~8 万日元 (一次性伤残特别给付)根据伤残等级一次性支付 503~56 天的算定基础日额

续表

保险待遇的种类		保险待遇的条件	保险待遇的内容	特别给付金
遗属补偿给付或遗属给付	遗属补偿年金*遗属年金	因劳动灾害或通勤事故死亡时	根据遗属人数每年支付245~153天的给付基础日额	（遗属特别支付金）与遗属人数无关，一律支付300万日元（遗属特别年金）根据遗属人数每年支付245~153天的算定基础日额
	一次性遗属补偿金*一次性遗属给付	①遗属（补偿）年金的受领者不存在时 ②遗属（补偿）年金的受领者失去受领权利且不存在其他受领者、已领取的年金总额≤1 000天的给付基础日额时	一次性支付1 000天的给付基础日额（但在②的情况下要减去已支付的数额）	（遗属特别支付金）与遗属人数无关，一律支付300万日元（一次性遗属特别给付）一次性支付1 000天的算定基础日额（但在②的情况下要减去已支付的数额）
丧葬费*丧葬给付		为因工伤事故或通勤事故的死亡者举办葬礼时	在31.5万日元的基础上再增加30天的给付基础日额（若其数额≤60天的给付基础日额，则按60天给付基础日额支付）	
伤病补偿年金*伤病年金		因劳动灾害或通勤事故遭受伤害、经过1年半的治疗后有下列情况之一的：①尚未痊愈的；②可以对照"伤病等级表"确定伤病等级的	根据伤病等级每年支付313~245天的给付基础日额	（伤病特别支付金）根据不同的伤病等级一次性支付114万~100万日元（伤病特别年金）根据伤病等级每年支付313~245天的算定基础日额
护理补偿给付*护理给付		伤残（补偿）年金或伤病（补偿）年金受领者中的第1级及第2级（有精神神经障碍或胸腹部脏器障碍的）正接受护理时	对要经常护理者支付护理费用（以101 970日元为上限）对由家属、亲戚等实施护理没有护理费支出或护理费支出≤56 950日元的，支付56 950日元。对随时需要护理的，支付护理费用（以52 490日元为上限）对由家属、亲戚等实施护理没有护理费支出、或护理费支出≤28 480日元的，支付28 480日元	

续表

保险待遇的种类		保险待遇的条件	保险待遇的内容	特别给付金
二次健康诊断等给付	二次健康诊断	为了把握职工脑血管及心脏的健康状态、预防"过劳死"等，根据医生的判断对在第一次健康诊断中发现血压、血中脂质、血糖、肥胖度检查中呈现异常者进行的健康再诊断	检查项目包括：①空腹时血中脂质检查；②空腹时血糖值检查；③血色素 A_{1C} 检查（第一次健康诊断时未进行此项检查的）；④负荷心电图检查或心共鸣检查；⑤颈部共鸣检查；⑥微量蛋白尿（只限于第一次健康诊断时尿蛋白检查）疑呈阳性或弱阳性者	
	保健指导	为了预防脑血管或心脏疾患的发生、接受来自医生的保健指导	为了预防脑血管或心脏疾患的发生、由医生进行营养指导、运动指导和生活指导等特定的保健指导	

注：带 * 的给付项目为对通勤事故受害者的保险给付。

二、有关说明

1. 给付基础日额和算定基础日额的概念

给付基础日额——工伤保险给付额的计算基数。原则上是《劳动基准法》第12条规定的职工"事故发生日前三个月内的平均工资"。但给付基础日额与平均工资又有所不同。主要表现在以下三方面：第一，小数点后的数字处理不同。即计算给付基础日额时不像计算平均工资那样将小数点后的位数舍去而是全部进位。第二，三个月内如有非工作原因的病休或护理家属休假的情况，则在计算时扣除天数及其工资额后再进行计算。第三，给付基础日额随工资指数变动而自动调整。例如支付各种工伤年金时，如果厚生劳动省制成的《每月勤劳统计调查》中公布的职工人均工资的变化率≥10%，则厚生劳动大臣批准的年金给付基础日额变动将在次年度8月1日起支付的工伤保险年金中有所反映。给付基础日额除了包括年金给付基础日额外，还有歇工给付基础日额。日本还为给付基础日额设定了最低保障额。当计算所得的给付基础日额低于最低保障额时，就以最低保障额作为给付基础日额。

算定基础日额——即受伤害职工工伤事故发生日或职业病确诊日前的一年中获得的总奖赏额/365天的结果值。除临时工资不计以外，其他每隔三个月（或三个月以上）就能获得的奖金及特别津贴等都应计算在内。日本对算定基础日额有上限规定，即取20％给付基础年额和150万日元中的小者。

2. 疗养（补偿）待遇

疗养（补偿）待遇相当于我国的工伤医疗待遇，是指受伤职工停止工作治疗休养期间享受的保险待遇，包括工伤治疗待遇和工伤治疗费给付。疗养（补偿）待遇是一种实物（医疗）支付，即政府通过指定的医疗机构（指劳动者健康福利机构设立的工伤医院或由都、道、府、县劳动局局长指定的医院、诊所或药局）对受伤职工提供治疗待遇。具体内容包括诊察、购买药剂或治疗材料、处理或手术及其他治疗、接收进医院或诊所、护理及移送等。原则上疗养补偿待遇支付的期限是一直支付到伤者被治愈为止。这里的治愈包括两方面的含义，一是伤病痊愈，二是虽未痊愈但因伤情已经稳定，即使继续治疗也无意义而结束治疗为止。一般而言这个期限为一年半。但超过此期限转为支付伤残（补偿）待遇时，仍可继续享受必要的工伤医疗待遇。

3. 伤残（补偿）待遇

工伤职工在工伤医疗期结束后应接受伤残程度鉴定，然后根据伤残等级享受伤残补偿待遇。有关伤残等级的鉴定及补偿标准已在本章第五节详细介绍。

4. 遗属（补偿）待遇

因工伤事故或通勤事故死亡的职工，其遗属有权向劳动基准监督署署长申请享受遗属补偿待遇。该待遇包括按月支付的遗属补偿年金和一次性遗属补偿金。原则上应支付遗属补偿年金的，但当根本不存在有资格享受年金的遗属（简称"受领资格者"），或有权享受该待遇的人失去了享受资格而又没有其他享受者存在，或已领取的年金总额少于1 000天的给付基准日额时才支付一次性补偿金。

（1）遗属补偿年金的金额　遗属（补偿）年金的金额随遗属人数、妻子年龄、遗属是否身有残疾等情况而不同。当遗属人数有增减时、当除妻子以外无其他人有权领取时、当妻子本人年满55岁或处于伤残状态或已治愈伤残时，年金金额将在上述情况发生之月的第二个月起被修订。另外，当出现2人以上的受领者时，将以他们全体为基准计算得出的年金金额均等分之后的数额作为向每一个人支付的年金标准。见表3—9。

表3—9　　　　　　　　　　遗属年金的支付额

遗属人数	支付金额	
1人	153天的给付基础日额。 当工亡者的妻子在55岁以上或有一定残疾时,支付额为175天的给付基础日额	
2人	201天的给付基础日额	按等分后的金额支付每人的遗属年金
3人	223天的给付基础日额	
4人	245天的给付基础日额	

（2）"受领资格者"的范围　受领资格者是可以享受遗属补偿年金或遗属年金者的总称。在工亡职工去世前，他们是依靠劳动收入维持生计的。能够成为受领资格者的人是：死亡者的配偶（含姘居者）、子女、父母、孙子女、祖父母及兄弟姐妹。但是，工亡以外的受领资格者必须符合下述条件：第一，职工死亡时，受邻者父母、祖父母应在55岁以上；子女（含遗腹子）及孙子女应不满18岁；兄弟姐妹应不满18岁或55岁以上。第二，从职工死亡开始至今，符合伤残等级表第5级以上的伤残者，或伤病未痊愈、劳动能力受到很大限制者，留有相当于第2级以上的残疾、所能从事的劳动受到极大限制的伤残者。

（3）"优先受领权者"及受领顺序　"优先受领权者"是指在有受领资格者中可以优先享受遗属（补偿）待遇的遗属，日语称其为"受给权者"。也就是说，在受领资格者人数较多的情况下，并不是每个人都能享受遗属（补偿）待遇，而只是其中的优先受领权者才能获得保险给付。位于相同受领顺序的受领资格者有数人时，则按人数等分后进行支付。优先受领权者及受领顺序如下：

第一，妻子、60岁以上的丈夫或身有残疾的丈夫；

第二，未满18岁或有残疾的子女；

第三，60岁以上或身有残疾的父母；

第四，未满18岁或有残疾的孙子女；

第五，60岁以上或身有残疾的祖父母；

第六，未满18岁或60岁以上或身有残疾的兄弟姐妹；

第七，55岁以上60岁未满的丈夫；

第八，55岁以上60岁未满的父母；

第九，55岁以上60岁未满的祖父母；

第十，55岁以上60岁未满的兄弟姐妹。

这里所规定的身有残疾，是指身有"伤残等级表"中第5级以上状况的残疾者，或因有无法治愈的残疾、劳动能力受到极大影响的残疾者。

此外，对于符合上述第七条至第十条条件的受领资格者，即使其已成为优先受领权者，但当年满60岁以后将不能再领取遗属（补偿）年金。

（4）优先受领权、受领资格的丧失　当出现下列情况之一时，有遗属（补偿）年金优先受领权者便丧失了该权利，被称为"失权"：

第一，死亡后；

第二，结婚（含姘居者）后；

第三，成为直系血缘或直系婚姻以外者的养子（含姘居者）；

第四，因离婚而终结了与工亡者的亲属关系；

第五，子女、孙子女、兄弟姐妹已年满18岁，且身无残疾；

第六，因身有残疾而成为优先受领权者但其伤残已被治愈的。

同样，当出现上述情况之一时，遗属（补偿）年金的受领资格者将丧失该资格，成为"失格"者。

显然，当事人在成为失权者的同时就已成为失格者，且重新享受此种"权利"和"资格"的可能性是不存在的。

（5）一次性遗属（补偿）年金预付金　遗属（补偿）年金的优先受领权者在申请年金的同时，或在接到遗属补偿金支付决定通知之日起一年内提出申请，就可在1 000天补贴基础日额的限度内，获得一次性遗属（补偿）年金预付金给付。遗属可在200天的给付基础日额、400天的给付基础日额、600天的给付基础日额、800天的给付基础日额、1 000天的给付基础日额中进行选择。

5. 伤病（补偿）年金

（1）伤病（补偿）年金给付的概念　与上述保险给付不同，伤病（补偿）年金是由政府职权决定实施的一种给付项目，其对象是因劳动灾害或通勤事故遭受伤害、经过1年半的治疗后仍未痊愈且伤病造成的影响程度可以按《工伤保险法施行规则》表2规定的"伤病等级表"（见表3—10）进行定级的工伤职工。获得此项给付的工伤职工虽然能继续享受必要的工伤医疗待遇但却不能享受以前的歇工（补偿）给付待遇。

（2）伤病（补偿）年金给付的内容　伤病（补偿）年金的支付额随伤病等级的不同而有所差异。以下是包含有伤病等级鉴定标准和支付额标准在内的伤病（补偿）年金给付概要表（见表3—10）。

表 3—10　　　　　　　　　　伤病等级表

伤病等级	给付内容	残疾状态
第1级	该伤残状态持续存在期间，每年支付313天的给付基础日额	1. 神经系统机能或精神上留有显著残疾、需要常年护理者； 2. 胸腹部脏器机能有显著残疾、需常年护理者； 3. 双目失明者； 4. 咀嚼及语言能力丧失者； 5. 双上肢肘关节以上缺失者； 6. 双上肢功能完全丧失者； 7. 双下肢膝关节以上缺失者； 8. 双下肢功能完全丧失者； 9. 有相同或更为严重的其他残疾状态者
第2级	该伤残状态持续存在期间，每年支付277天的给付基础日额	1. 神经系统机能或精神上留有显著残疾、随时需要护理者； 2. 胸腹部脏器机能有显著残疾、随时需要护理者； 3. 双眼视力均为0.02以下者； 4. 双上肢腕关节以上缺失者； 5. 双下肢足关节以上缺失者； 6. 有有相同或更为严重的其他残疾状态者
第3级	该伤残状态持续存在期间，每年支付245天的给付基础日额	1. 神经系统机能或精神上留有显著残疾、不能从事经常性劳动者； 2. 胸腹部脏器机能有显著残疾、不能从事经常性劳动者； 3. 一只眼失明、另一只眼视力降为0.06以下者； 4. 咀嚼或语言能力丧失者； 5. 双手十指全部缺失者； 6. 除1和2中规定以外的其他不能从事经常性劳动者； 7. 有同1～5相同或更为严重的其他残疾状态者

（3）伤病状态的变化与伤病（补偿）年金给付　享受伤病（补偿）年金待遇的工伤职工经过继续治疗后，其伤病伤残状况有可能发生如下几种变化：

第一种，伤残状态变化使得所对应的伤病等级发生改变。则此后的支付标准按新的伤病等级对应的金额执行。

第二种，伤残状况减轻到不足以按"伤病等级表"定级。此后，当事者将不再享受伤病（补偿）年金给付而改为根据需要享受歇工（补偿）给付待遇。

第三种，即使再继续治疗下去也无望痊愈而被停止工伤医疗过程的工伤职工，如果按照伤残等级鉴定标准被评残定级的（第1～14级），则改为享受伤残（补偿）给付待遇。

可见，伤病（补偿）年金给付与伤残（补偿）年金给付的主要区别在于给付待遇是否为政府职权性行为、是否是在伤病"治愈"[24]之后实施。

除了表 3—6 中所示的工伤保险给付项目以外，日本的工伤保险待遇中还包括"一次性伤残（补偿）年金差额金给付"、"一次性伤残（补偿）年金预付金给付"等内容。

第七节 工伤康复（社会复归）

根据世界卫生组织所做的定义，一般意义上的"康复"是指综合、协调地应用医学的、教育的、职业的、社会的和其他一切措施，对伤残者进行治疗、训练和运用一切辅助手段以达到尽可能补偿、提高或者恢复工伤职工已丧失或削弱的功能，增强其能力，促使其适应或重新适应社会生活。所谓工伤康复是指以工伤伤残职工为对象实施的康复事业。是指通过综合利用药物、器具、疗养、慰问、咨询、护理、培养以及服务等各种手段，使工伤伤残职工基本恢复正常人具备的工作、生活能力和心理状态的一项事业，是工伤保险制度三位一体整体功能（事故预防—伤害补偿—工伤康复）的一个不可缺少的组成部分。因此，日本也在工伤保险立法中对发展工伤康复事业做出了相关规定。

一、有关职业康复的法律规定

日本将工伤康复称为"社会复归"，与之相关的法律规定主要是通过《劳动者灾害补偿保险法》第 29 条来体现的。

第 29 条第 1 款规定内容的大意是，为了增加工伤保险适用企业中的职工或其遗属的福利，政府开展下列劳动福利事业。第一，工伤医疗设施及康复设施的设置与运营和开展与促进工伤职工的社会复归有关的其他必要的事业；第二～第四，（略）。

二、工伤康复事业的实施机构

根据《劳动者灾害补偿保险法》第 29 条第 3 款的规定，日本的职业康复事业是由政府指定的"劳动者健康福利机构"负责实施的。

---

[24] 治愈的含义不仅仅是痊愈，还包括症状稳定、即使继续治疗也痊愈无望而停止工伤医疗行为。

劳动者健康福利机构是依据《独立行政法人劳动者健康福利机构法》（2002年法律第171号）设立的厚生劳动省下属法人。其前身是1957年7月设立的劳动福利事业团（法人）。该机构的主要使命是通过设立和运营对工伤疾病施行先进的专业治疗的工伤医院、专门研究开发和普及新的工伤疾病医疗技术的工伤疾病研究中心，以确保职工在工作过程中的身心健康为目的的预防医疗中心，在促进工伤职工或通勤事故受害职工的社会复归和确保职工健康方面发挥更加重要的作用。

三、工伤康复促进事业的内容

日本《工伤保险法》第29条规定的劳动福利事业的第一项内容可以概括为"工伤康复促进事业"（"社会复归促进事业"）。根据厚生劳动省劳动基准局的有关资料介绍，它包括以下具体内容：

1. 工伤医院、医疗康复中心和综合脊椎损伤者康复中心的建立与运营

劳动福利事业团在全国建有37所工伤医院、1个医疗康复中心和1个综合脊椎损伤者康复中心。

2. 委托工伤医疗设施的设置

在一些没有工伤医院的地区建立救治工伤职工所需的医疗设施，并将其运营委托给当地已有的公益法人医院。目前全国设立了7处委托工伤医疗设施。

3. 工伤康复工厂的建设和运营

建设和运营有利于工伤职工复归到原岗位或可以从事的岗位工作的康复工厂，接收工伤事故导致的重度脊髓损伤者及双下肢重度伤残者，提供康复医疗并进行职业训练。目前全国共有8个这样的康复工厂。

4. 温泉保养制度的建立与实施

为享受伤残等级8级以上的伤残（补偿）待遇者、享受伤残等级3级以上的伤残（补偿）待遇者及其护理人员支付温泉保养制度给付。具体内容是支付每月一次、每次一个星期（6晚7天）的住宿费、伙食费、沐浴费、设施的定额服务费及往返交通费。

5. 外科手术后的再处置

这是区别于一般的工伤医疗待遇给付而另外设立的给付项目，是提供接受康复训练者必不可少的外科再处置。如，安装假肢前的创伤面的再处理、工伤火灾事故中留下的脸部丑陋处的整容手术等。

这种外科手术后的再处置由工伤医院或劳动局局长指定的国立医院负责实施。目前，全国被指定的医院共有180多家。

6. 假肢等的给付

因工伤事故丧失四肢或留有机能障碍的职工除根据伤残程度享受相应的伤残（补偿）待遇外，由于假肢等辅助器具对工伤职工的职业康复是必需的，因而他们还将免费获得所需的假肢、假眼、助听器、轮椅、假发等22种辅助器具的给付。这些给付在日本的工伤保险制度中属于劳动福利事业中的一项内容。

7. 伤愈后关怀

因工伤事故导致脊髓损伤、头颈部外伤症候群、慢性肝炎、振动病等的伤病患者在治疗结束之后仍有可能留有后遗症或患有后遗症带来的其他疾病，因而有必要通过建立和实施伤愈后关怀或其他保健措施加以预防。

伤愈后关怀制度的范围包括对十六类病患的工伤患者进行诊察、保健指导、以保健为目的的处置、检查、药剂给付等。由工伤医院或劳动局局长指定的医院具体实施。

8. 针灸疗法等工伤特别援助措施

对颈肩腕症候群、腰痛、振动病等的伤病患者，在其治疗过程结束并支付伤残（补偿）待遇后，对其中被确认为有必要施以针灸疗法的工伤职工提供该项特别援助措施。其具体内容为在一年内每月不超过5次可以去劳动局局长指定的诊疗所接受治疗。

9. 其他

对由于工伤事故导致脊髓损伤、需购买不用脚蹬就可以活动的特殊车辆的职工建立了借款制度。此外还有：

（1）在家护理者的住房资金及机动车购买金的借贷；

（2）配置职业康复指导员；

(3) 重度残疾者职业康复支援金的支付；
(4) 重度残疾者雇用支援金的支付；
(5) 重度残疾者职业康复促进事业特别奖励金的支付；
(6) 长期疗养者职业康复支援金的支付；
(7) 职业康复训练；
(8) 休养所的建设与运营。

四、伤残职工的技能培训

为了开展针对脊髓损伤工伤职工和上下肢残疾工伤职工的伤残后技能培训，日本建立了由工伤保险基金出资、由劳动者健康福利机构建设并经营工伤康复工厂的制度。

工伤康复工厂以促进伤残职工自力更生和健康地复归社会为目的、对符合入厂条件的工伤职工实行必要的生活、健康、生产作业等方面的全日制管理。入厂后的工伤职工与在一般的生产作业单位工作的职工一样，在完备的作业环境中有规律地生活和工作，在接受康复医疗的同时从事以技能训练为目的的生产作业活动。每天的工作时间因伤残程度不同而有所差异，平均每天6小时左右。生产加工所得收入按实际作业成绩分配给职工本人。

以下是部分工伤康复工厂的技能培训作业内容，见表3—11。

表3—11　　　　　　　　部分工伤康复工厂的作业内容

	作业内容	协作单位
北海道作业所	围裙缝制	三友模多株式会社（音译）
长野作业所	电话线连接分歧箱组装	西村模式会社
千叶作业所	无线电控制零件的装袋	双叶电子工业株式会社
福冈作业所	地图等的计算机输入	九州地理情报株式会社

第八节 工伤保险理赔程序及争议处理

一、工伤保险理赔程序

1. 理赔内容及理赔业务窗口

为了说明保险理赔的基本过程,首先对保险支付的内容范围作概要说明。日本工伤保险制度的给付内容包括以下三大类:第一类,向由于工作原因负伤、患病、致残或死亡的职工或其遗属提供必要的保险给付;第二类,向因通勤事故负伤、患病、致残或死亡的职工或其遗属提供必要的保险给付;第三类,向工伤职工或其遗属提供有关促进工伤康复、受害者援助、正当的劳动条件保障等劳动福利事业方面的特殊给付。具体给付内容及给付标准详见本章第六节。

工伤保险理赔的业务窗口是按厚生劳动省劳动基准局劳灾补偿科→都、道、府、县劳动局→劳动基准监督署的流程设置的。作为工伤保险理赔第一线的劳动基准监督署是负责受理工伤职工保险待遇申请、保险待遇支付和接收各种书面资料、报告的机构。

由于申请享受工伤医疗待遇的工伤职工是经过工伤医院向劳动基准监督署提出申请的,所以工伤医院和工伤指定医院在保险理赔过程中也发挥着相应的作用。

2. 工伤保险理赔的基本过程

工伤保险法对"工伤医疗待遇"的支付过程规定与除二次健康诊疗待遇以外的其他工伤保险待遇的支付过程的规定是不同的,如图3—5和图3—6所示。

(1)"工伤医疗待遇"理赔的基本过程 从图3—5可知,申请工伤医疗待遇给付时,受伤职工的申请资料是通过工伤医院被提交到劳动基准监督署的。可见,工伤医院在有关该项保险待遇的理赔过程中也有着相应的职责、发挥着重要作用。目前,日本全国共有37所工伤医院。

日本工伤医疗费在工伤保险给付总额中所占的比例是比较大的。由于存在支付不当、管理不合理等问题,所以对工伤医院进行整编、加强经营的合理性、努力削减各种经费支出、对工伤医疗报酬点数的计算标准进行修订等措施的出台,都是日本控制工伤医疗费非合理支出的具体对策。

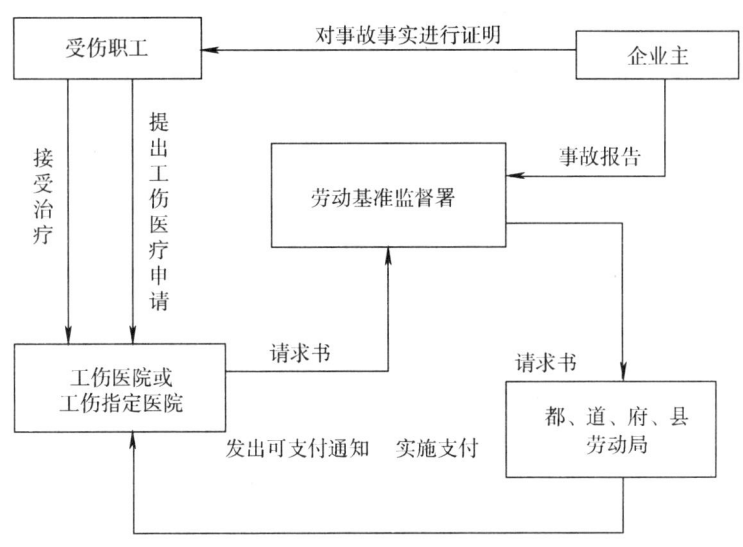

图 3—5 工伤医疗待遇理赔过程示意图

（2）其他工伤保险待遇（二次健康诊断给付除外）的理赔过程　从图 3—6 可知，与工伤医疗待遇的理赔过程有所不同，除二次健康诊断给付以外的其他各项工伤保险赔付都是由劳动基准监督署直接受理申请、依据各种鉴定和认定标准并结合对事故发生情况、受害者健康状况的调查等做出工伤保险支付与否决定的。

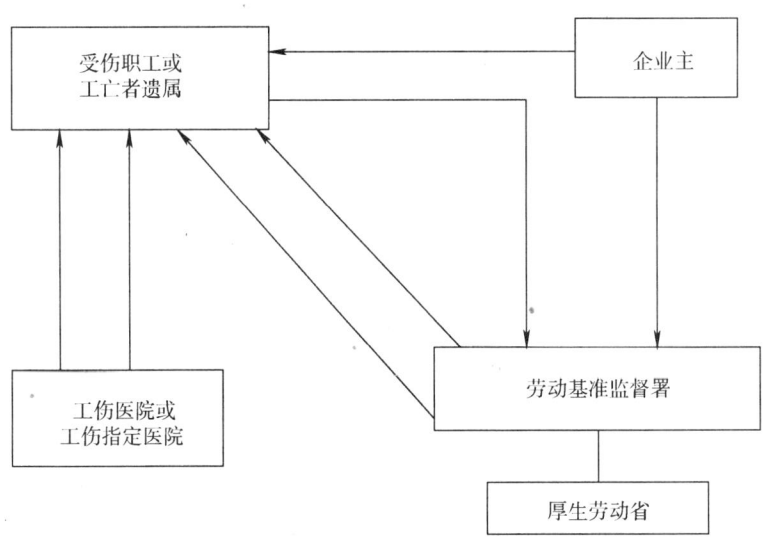

图 3—6 其他工伤保险待遇理赔过程

(3) 对工伤保险理赔过程的说明

第一步：企业主提交事故报告

企业在发生伤亡事故后应该立即采取的行动包括：

①紧急措施——包括迅速展开对伤者的救援，与单位领导的联络，与急救中心、劳动基准监督署和警察署的联络，与伤者家属的联络，保护事故现场等。

②事故报告与调查——在实施了紧急措施之后，企业应向劳动基准监督署提出"劳动者死伤病报告书"；接受劳动基准监督署、警察署的调查；办理为职工出具工伤事故证明等有关工伤保险补偿所需的手续等；与受害者家属商谈；进行事故原因调查等。

其中，企业主向劳动基准监督署进行的工伤事故报告是与工伤保险理赔有关的首要环节。根据《劳动安全卫生法》第100条和《劳动安全卫生规则》第97条的规定，当企业发生工伤事故后，无论最终是否与保险理赔有关（因为申请工伤保险给付与否由受害者本人或其遗属决定），该企业的企业主都必须向劳动基准监督署进行事故报告并提交"劳动者死伤病报告书"。只是在报告时限的规定上按事故造成的歇工天数不同而有所差异，见表3—10。

如果企业主不按法律规定向劳动基准监督署报告事故，或进行与事故事实不符的虚假报告被查出后，会因"隐瞒事故"而触犯《劳动安全卫生法》，将被处以50万日元以下的罚款。如果是工伤职工本人故意隐瞒事故不报，一经查出后，企业主仍要受到影响并被处罚。

第二步：受害者或受害者遗属提交工伤保险待遇申请

与工伤事故报告同时进行的是对受伤职工展开迅速的救治。工伤职工被送进工伤医院（或工伤指定医院）后向院方提交享受工伤医疗待遇的申请报告并接受治疗。经劳动基准监督署认定后的受伤职工的所有治疗费用均由工伤保险基金支付，即由工伤医院按实际治疗费用向劳动基准监督署直接申请获得。如果由于条件所限被送进非工伤医院接受救治，则先由被治疗方垫付治疗费用，事后再向劳动基准监督署申请工伤治疗费的支付。

除享受"工伤医疗待遇"的申请要通过工伤医院（或工伤指定医院）向劳动基准监督署提交、申请二次健康诊断给付的职工需直接向所辖地区的劳动局局长提出请求以外，为了能享受法律规定的其他工伤保险待遇，工伤职工或其遗属必须在填写所有必要的申请资料后直接向工作单位所在地的劳动基准监督署提出申请。在此之前，必须先由企业主在申请书中对所发生的灾害或事故的事实给以证明并加盖印章。工伤保险法中对企业主要协助工伤职工或其遗属申请工伤保险待遇等作出了明确规定。如果企业主拒绝出具事故事实的证明或拒不盖章，工伤职

第三章 日本工伤保险体制研究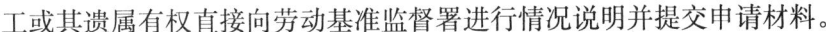

工或其遗属有权直接向劳动基准监督署进行情况说明并提交申请材料。

第三步：劳动基准监督署进行工伤认定或职业病鉴定

接到工伤保险待遇给付申请书后，劳动基准监督署将从保障受害者或其遗属的基本利益出发，在保护当事人个人隐私的前提下开展工伤保险补偿待遇的判定工作。在这项被称为工伤认定的工作过程中，劳动基准监督署的担当官员要向事故单位的企业主、当事人同事、上司、家属、主治医生及其他相关人员调查事故情况，必要时还要在听取工伤保险医师意见的基础上，对申请者的工作情况和健康状况等作全面细致的调查，结合工伤事故认定的基本原则及案例，依据职业病鉴定标准和工伤医院医生出具的医学证明等做出是否支付工伤保险待遇的决定，并通知申请者。最后还要做成"工伤保险给付调查复命书"。

被认定为工伤事故受害者或职业病患者（或其遗属），将根据工伤保险法第三章的规定，得到相应的工伤保险待遇。

第四步：针对劳动基准监督署结论的不服申述和诉讼

未被认定为工伤事故或职业病受害者的申请者如果对劳动基准监督署的认定结论不服，或虽被认定为工伤事故或职业病，但对保险待遇支付决定不服者，可以依据工伤保险法第五章的规定进行不服申述或诉讼。

二、工伤保险争议处理

日本工伤保险制度的另一个重要特色是建立了一套上下贯通的争议处理制度，称为"不服申诉及诉讼制度"。工伤保险法第五章"不服申诉及诉讼"中对该制度的执行程序、受理机构及执行者的资格等做出了具体规定。

1. "不服申诉及诉讼制度"的相关规定

（1）"不服"的主要内容范围　不服申诉及诉讼制度中的"不服"主要是指：

第一，工伤职工或其遗属对劳动基准监督署署长做出的不支付工伤保险待遇的决定，或支付保险金数额的决定等不满。

第二，企业主对被指定缴纳的保险费数额或对被征收的保险给付费用不满。

第三，中小企业主对劳动行政部门做出的拒批劳动保险事务互助组织成立的决定或撤销已有的保险互助组织的决定不满等。

（2）制度的利用者——审查请求人的条件　"不服申诉及诉讼制度"的实施首先是不服申诉的一方向政府劳动行政机构提出审查（或复审）劳动基准监督署署长做出的保险给付决定的请求，因而此时的工伤职工或其遗属在该制度中被称为"审查请求人"。

并不是所有的人都有权提出审查请求,而是只有因劳动基准监督署署长的违法或不当的处理决定受到影响的权利人才有资格利用提出审查请求。一般而言,有权享受工伤保险待遇的人就是"不服申诉及诉讼制度"的审查请求人。

(3) 不服申诉及诉讼的受理机构及实施程序　对工伤保险不服申诉进行受理,即对劳动基准监督署署长做出的相关决定进行审查的机构及人员是以厚生劳动大臣名义任命,就职于都、道、府、县劳动局的工伤保险审查官。当审查请求人对工伤保险审查官的审查结果不满提出进一步复审的请求后,由以总理大臣名义任命、厚生劳动大臣设立的9人劳动保险审查会负责受理。图3—7所示为不服申诉及诉讼的程序。

(4) 不服申诉的先行原则　根据工伤保险法第40条的规定,除非超过了规定时限仍未得到裁决结论或出现了紧急情况以外,对给付决定不满的工伤职工或其遗属、对保险费决定不满的企业主等不经过"不服申诉"就直接向司法机关提起诉讼的做法是不被允许的,即对他们而言,图3—7所示的第二和第三阶段是必须要履行的程序。这就是所谓的"不服申诉的先行"原则。工伤保险法明确规定先行原则的主要原因是从保护审查申请人的利益出发,使他们在开始司法诉讼活动之前,尽可能先通过更具有专门经验和专业知识的劳动行政机构的审查及复审让争议得到有效的解决,避免花费较高的诉讼费用和耗费较长的诉讼时间。

2. "不服申诉及诉讼制度"的实施

日本工伤保险的"不服申诉及诉讼制度"主要被用于解决两大方面的工伤保险争议:一是针对保险给付决定方面的争议,二是针对工伤保险费用征收或指定缴纳保险费规定等方面的争议。处理这两类争议时所需的行政手续的法律依据是不同的。

(1) 针对保险给付决定方面的不服申诉　针对保险给付决定的不服申诉主要依据《工伤保险法》第38条～第40条的有关规定,经过审查请求,或审查请求＋复审请求两种程序进行。

"不服"的具体内容既包括对劳动基准监督署署长做出的"不支付"决定(非工伤事故认定)的不服,又包括对"支付决定"的给付内容的不满。其中给付待遇涉及伤残等级的鉴定结果、平均工资计算基数的判定、遗属年金计算基数的确定等。

审查请求人可在获悉支付决定后的第二天起的60天以内,以书面或口头方

第三章 日本工伤保险体制研究

第一阶段	工伤保险请求 （劳动基准监督署）	认定与工作有关 → 工伤 （60天以内口头或书面提出）	↓ 保险金支付
第二阶段	认定与工作无关 ↓ 审查请求 （工伤保险审查官） 认定与工作无关 ↓	认定与工作有关 → 工伤 （60天以内书面提出）	↓ 保险金支付
第三阶段	再审查请求 （劳动保险审查会） 认定与工作无关 ↓	认定与工作有关 → 工伤 （三个月内提出）	↓ 保险金支付
第四阶段	提起诉讼 （地方法院） 裁决为与工作无关 ↓	裁决为与工作有关 → 工伤 ↓ ← 行政方面的起诉	↓ 保险金支付 （不上诉的情况下）
第五阶段	提起诉讼 （高级法院） 裁决为与工作无关 ↓	裁决为与工作有关 → 工伤 ↓ ← 行政方面的起诉	↓ 保险金支付 （不上诉的情况下）
第六阶段	提起诉讼 （最高法院） 裁决为与工作无关 （确定）	裁决为与工作有关 → 工伤	↓ 保险金支付 （确定）

图 3—7　工伤保险不服申诉及诉讼的程序

式向都、道、府、县工伤保险审查官提出对劳动基准监督署署长做出的给付决定进行审查的请求。如果对该审查官做出的审查结论仍不满者，可在60天以内向厚生劳动省劳动保险审查会提出再次审查的申请。

（2）对工伤保险费决定等不服的申诉　按《征收法》的规定，针对保险给付决定以外的"不服"申诉，例如对缴纳保险费的决定、对劳动保险事务互助组织的不认可决定的不服申诉等，要按照《行政不服审查法》（1962年9月15日法律第160号）中规定的手续进行诉讼。

此时的不服申诉有"异议陈述"和"审查请求"两种形式。《行政不服审查法》是以后者为中心制定的。

如果企业主对下列带有处罚性质的处理决定不满，从接到通知的第二天起60天内，可以通过文书的形式向都、道、府、县劳动局局长或都、道、府、县知事（行政首长）提出"异议陈述"：

第一类，可以依据《工伤保险法》或《征收法》提出异议申诉的处分内容主要包括：概算保险费的认定决定、确定保险费的认定决定、费用征收的决定、工伤保险的特别保险费的概算、确定的认定决定等。

第二类，对不认可劳动保险事务互助组织成立的决定；对取消已有的劳动保险事务互助组织的决定等。

对来自都、道、府、县劳动局局长或都、道、府、县知事（行政首长）的有关"异议陈述"的回复如果不满意，当事人可在30天内向厚生劳动大臣提出审查请求。

（3）诉讼　如图3—7所示，当对劳动保险审查会的裁决或对劳动大臣的裁决或决定不服时，审查请求人可以通过司法程序提起诉讼。但此时的被告不是劳动保险审查会，而是基层劳动基准监督署。

工伤保险"不服申诉及诉讼制度"的建立与实施，在更好地保障工伤职工或其遗属的合法权益、促进工伤保险行政管理的规范化与公平化，以及维护制度的严肃性等方面发挥了重要的作用。

参 考 文 献

1. 《劳动者灾害补偿保险法》
2. 《劳动者灾害补偿保险法实施规则》
3. 《关于劳动保险保险费征收的法律》
4. 《关于劳动保险保险费征收的法律实施规则》
5. 劳动省劳动基准局劳动者灾害补偿部. 劳灾补偿行政史. 东京：劳动法令协会，1961
6. 厚生劳动省劳动基准局劳动者灾害保险课. 劳动者灾害补偿保险制度的详解. 东京：劳动行政研究所，2003
7. 社会及劳动保险实务研究会. 社会保险及劳动保险事务百科. 东京：清文社，2003
8. 保原喜志夫，山口浩一郎，西村健一朗. 劳动者灾害补偿保险及安全卫生大全. 东京：有斐阁，1998
9. 山口浩一郎. 劳动补偿的诸问题. 东京：有斐阁，2002
10. 角田豊，小仓襄二. 现代的社会保险. 东京：法律文化社，1970

后 记

日本战后经济的高速发展举世瞩目，除了发展战略决策的妥当性、全面深入立法以及科学技术进步的强力支撑等因素以外，包括安全管理在内的企业管理的成功实施亦功不可没。因而，研究借鉴日本的管理不仅是许多发展中国家的行为，也是一些发达国家的积极举措。结合我国目前安全管理体制现状，笔者欲强调说明：虽然为方便起见，书中分为劳动安全卫生管理与工伤保险两大专题进行介绍和分析，但焦点放在日本将二者形成一个有机整体的做法及启示，这是不失为笔者区别于现有相关研究的特色之一。概括说来，日本在劳动安全卫生管理与工伤保险制度间形成的有机联系主要体现在以下几个方面：

第一，工伤保险立法和劳动安全卫生立法都基于《劳动基准法》。

第二，工伤保险和劳动安全卫生的行政管理都归属于厚生劳动省劳动基准局。

第三，在行业差别费率的基础上实行工伤保险费率的可浮动制度，利用经济杠杆的作用促进企业强化安全管理、减少劳动伤害事故发生。

第四，对在定期体检中发现职业健康问题的员工给以特殊的工伤保险待遇——第二次健康检查，实现劳动卫生管理与工伤保险的有机结合，发挥工伤保险在促进职业病及"过劳死"预防方面的重要作用。

第五，作为工伤保险支付项目之一的劳动福利事业项目，其内含之一就是确保劳动者安全及健康的项目支付，具体包括向企业主提供以预防劳动伤害为目的活动经费的援助、对以职业病防治为目的的体检设施的完善提供支援、提供以振兴劳动伤害预防科研工作为目的的经费支援等。

在改革完善我国安全管理及工伤保险制度过程中，关注并探讨上述做法的可借鉴性是有一定现实意义的。

总之，日本的以事故预防、事故赔偿、工伤康复相结合为特色的管理成就及经验的取得有其深刻的社会时代背景、政治制度背景和经济发展背景，因而对它的考察研究也应是紧密结合历史发展背景的系统性、综合性研究。笔者愿与从事相同研究的学者共勉，将学习和研究继续下去。